# 走，去野外

## 雪中漫步

[英]伊妮德·布莱顿/著
杨文展/译

人民东方出版传媒
People's Oriental Publishing & Media
東方出版社
The Oriental Press

**图书在版编目（CIP）数据**

走，去野外：全 4 册 /［英］伊妮德・布莱顿；杨文展译. —北京：东方出版社，2022.9

ISBN 978-7-5207-2588-0

Ⅰ. ①走… Ⅱ. ①伊… ②杨… Ⅲ. ①自然科学 – 儿童读物 Ⅳ. ① N49

中国版本图书馆 CIP 数据核字（2021）第 244547 号

走，去野外

（ZOU QUYEWAI）

［英］伊妮德・布莱顿　著　杨文展　译

策划编辑：杨朝霞
责任编辑：杨朝霞
小课堂写作：秦好
出　　版：東方出版社
发　　行：人民东方出版传媒有限公司
地　　址：北京市东城区朝阳门内大街 166 号
邮政编码：100010
印　　刷：北京文昌阁彩色印刷有限责任公司
版　　次：2022 年 9 月第 1 版
印　　次：2023 年 4 月北京第 2 次印刷
开　　本：880 毫米 ×1230 毫米　1/32
印　　张：17.125
字　　数：303 千字
书　　号：ISBN 978-7-5207-2588-0
定　　价：120.00 元（全 4 册）
发行电话：（010）85924663　85924644　85924641

# 五位漫步者介绍

## 帕特

十一岁的男孩，三个孩子中年龄最大的，是珍妮特和约翰的哥哥。他脑子活，性子急，缺乏认真观察大自然的耐心，对发现的许多事物都没有细致地观察。跟着梅里叔叔坚持自然散步一年后，他的观察力大大提升，自然知识也变得丰富了。

## 珍妮特

是五位漫步者中唯一的女孩子，十岁，和哥哥帕特长得很像，不少人都误以为他们是双胞胎。她可爱、浪漫，在自然美景的感染下，爱上了写诗。通过跟梅里叔叔的每月两次自然散步，她不仅克服了对蜥蜴、蝙蝠、蛇等的恐惧，还变成一个自然爱好者。

## 约翰

六岁的小男孩，聪明幽默，想象力丰富，是三个孩子里年龄最小、观察力最敏锐的一个，观察事物很用心，似乎没有什么东西能逃脱他的眼睛。他最讨厌别人叫他“小朋友”。在自然观察比赛中，他的表现总是最出色，让哥哥姐姐刮目相看，也深受梅里叔叔喜爱。

## 梅里叔叔

自然作家，喜欢野外观察，主要写作关于鸟类的书，博学而友善，是三个孩子的邻居，一双褐色的眼睛里充满了智慧，带领三个孩子踏上自然漫步之旅。在他的带领和陪同下，三个孩子成长很快，学会了正确观察大自然，有了丰厚的自然知识储备，爱上了大自然。

## 弗格斯

梅里叔叔的爱犬，一只勇敢、善良的黑色苏格兰小狗，四条黑色的小短腿总是不停地蹦跳着，它的尾巴摇起来像飘在空中的一片黑色羽毛。它跟三个孩子一样，喜欢户外散步。

欧亚红松鼠　　[英]诺埃尔·霍普金/绘

獾与青蛙　　　　　　　　　　　　　　　　　　　［英］诺埃尔·霍普金/绘

刺猬与蛇　　[英]诺埃尔·霍普金/绘

雌狐和幼狐们　　　　[英]诺埃尔·霍普金/绘

# 目　录

## 十二月自然散步



## 自然野趣 DIY



## 自然童话故事

# 十月自然散步

寻找种子和果实的比赛，让孩子们走进田野里，来到篱笆边；让他们仔细检查大大小小的各类植物；把他们带到任何一个绿色的角落。总之，这是件充满乐趣的事。

# 1 秋天来了

“秋天真的来了！”一天早晨，珍妮特对帕特说，她打开卧室的窗户，看着外面的花园，“瞧，除了常绿树，树木都已经变换了颜色，而草地上落满了叶子。”

“我喜欢秋天，”帕特说，“喜欢树木绚丽多姿，浆果随处可见，还有树林里蕨的色泽，这真是一年里最美妙的时光。”

“今天就是美好的一天。”约翰说，试图挤在帕特和珍妮特中间，往窗外望去，“噢，弗格斯在那儿，嘿，弗格斯！”

“汪汪！”弗格斯吼着，满怀期待地往上看，它的耳朵竖了起来，尾巴则快速摇晃着。

“你是想过来告诉我们，今天是个适合散步的好日子

吗？”珍妮特问，“好吧，那你过去问问梅里叔叔，看他怎么说，顺便告诉他我们随时可以准备就绪。”

弗格斯像听懂了似的跑开了。“它真的能听懂我们在说什么呢，”珍妮特说，“瞧，梅里叔叔来了！梅里叔叔，弗格斯给您捎去我们的口信了吗？关于今天去散步的事情。”

“原来，它跑过来是要跟我说这个呀！”梅里叔叔说，“那好吧，你们能在一小时之内做好准备吗？我会在花园里等你们哦。”

孩子们满心欢喜。不到一个小时，他们全都在梅里叔叔的花园里集结完毕，弗格斯也跑过来迎候大家。梅里叔叔正在注视着什么，大家纷纷跑过去想看个究竟。

“这个蜘蛛网是不是很精致呀？”梅里叔叔说。孩子们看到灌木丛中挂着一个巨大的蜘蛛网，而这个网的主人正躲在一片树叶后头，大家都能清楚地看见它。

“它正静静地等待着一些昆虫不小心撞到网上来并摇晃着试图挣脱，”梅里叔叔说，“到时候蜘蛛会在转瞬之间出现并捉住虫子。它还会织出一个蛛丝外套包裹住虫子，自己就能从容不迫地吸虫子的汁液。”

“叔叔，一只蜘蛛怎么能织出这样的网呢？”约翰问道，注视着灌木丛里悬吊着的精致的丝织陷阱，“难道它是在自己的身体里存着一张网，需要使用时随时抽出来，就像我们从棉线轴里抽出棉线那样吗？”

梅里叔叔微笑着说：“噢，当然不是啦！蜘蛛的身体里才不会有一张完整的蛛网呢。它腹部的下方有吐丝器，里面是黏液。当蜘蛛喷出的液体遇到空气时，就能形成富有弹性的蛛丝，蜘蛛马上就能用这些丝线来织网。”

“那蜘蛛究竟是怎样开始织网的呢？”帕特说，“叔叔，您看，这片蛛网中心有呈辐条状的线条，就像轮辐那样；它还有螺旋状的线条，一圈一圈围绕着辐条。这样的设计真是太精妙了，蜘蛛好聪明呀。”

“的确是的。”梅里叔叔说，“帕特，蜘蛛先织出轮辐样式来，这种构造强健而稳固；接下来它就制作出螺旋状的丝线，一圈圈地绕着轮辐，这种丝线非常有黏性，所以一旦飞虫轻轻掠过，就会被牢牢粘住。”

“这种昆虫可真是足智多谋啊！”珍妮特说。

“珍妮特，蜘蛛并不是昆虫哦。”梅里叔叔马上回应道，“首先，它有八条腿，而不像昆虫都有六条腿；其次，它的身体是两段式的，而并非三段式；最后，蜘蛛并不像昆虫一样，它拥有不同的生命形态，并不会经历从毛毛虫到虫蛹，再到成虫的历程。它从卵里孵出来就是蜘蛛的形态，一辈子就维持着这种形态，而且也不存在幼

虫阶段。”

“噢，原来这样啊，”珍妮特说，“我一直把它当作一种昆虫。瞧，叔叔，蜘蛛感受到了有一只飞虫正在摇晃着蛛网，它朝着飞虫赶过去了！”

“没错，”梅里叔叔说，“它会动用自己强有力且有毒的螯牙，刺入猎物的身体并使其麻痹，接下来如果它乐意的话，可以将猎物绑在蛛网上并随时享用这顿美食。”

“那它视力如何？”约翰问。

“好着呢，它有八只眼睛，分列在头部的两侧，”梅里叔叔说，“哪天早上，我们带上一个放大镜，就能仔细地观察蜘蛛太太捕食的全过程了。你们到时候将能看到它数量繁多的眼睛、看起来像是触须一样的螯牙以及身体下方微小的吐丝器。”

“噢，叔叔，看呀，一只胡蜂跌跌撞撞地掉进了蛛网里！”帕特惊呼，此时一只身上长着条纹的胡蜂直愣愣地飞入丝织的陷阱里头，“它会撞破蛛网吧，是不是？蜘蛛绝对不会妄想捕获一只胡蜂吧，胡蜂会叮蜘蛛的！”

“瞧好吧！”梅里叔叔说，“你们会见识到这些微小的生物到底有多么聪明。”

蜘蛛感觉到了胡蜂正在摇晃着蛛网，它匆忙杀过去，却在第一时间意识到对手是一只体形巨大且危险的昆虫。

它自知无法将胡蜂捆绑并捕获，如果不加以阻止的话，胡蜂会将自己的蛛网撕得粉碎。然而，它应该如何应对，才能使自己美丽的蛛网避免被愤怒且挣扎的胡蜂毁灭的厄运呢？

转瞬之间，蜘蛛移到胡蜂附近，并开始切断缠住胡蜂的蛛丝。它一根接一根地切断，当最后一根蛛丝断了之后，胡蜂就跌落到地面上，重获自由！它抖抖身上的尘土，大声嘟囔着飞走了。

“哇，它可真是神机妙算啊！”帕特说，“叔叔，我猜蜘蛛现在就该修补自己的蛛网了吧？”

“它会的，”梅里叔叔说，“但我们暂且不去管它了，否则今天早上就没时间散步了。快点儿走吧，弗格斯一直在耐心地等着我们呢！”

他们快乐地出发了，踏上那条熟悉的小路，但眼前的景致却与春夏两季全然不同，因为树木和篱笆均已换上了鲜艳的外衣。

“叔叔，树叶为什么会在秋季变换颜色呢？”约翰一边问，一边蹦蹦跳跳地走着，“是为了使树林在我们眼中显得更好看吗？”

“噢，约翰，才不是这样！”梅里叔叔大笑着说，“树木换上鲜艳的彩衣这件事，背后的原因听起来恐怕会有

些令人失望。你们看，是这样的，树木知道自己即将舍弃一身的树叶，于是就把自己体内的‘垃圾’和所有不需要的东西都输送到树叶上，这些废料都将随着落叶飘下而被处理掉。而正是这些‘垃圾’赋予树叶各种鲜艳的色泽，红色、橙色、粉色或黄色。”

“不要紧的，无论原因是什么，这种层林尽染的景色终究是灿烂美丽的。”珍妮特说，“噢，梅里叔叔，看看那些水青冈啊！”

他们来到了一条水青冈大道，那高大而端庄的树木，像是披上了一层金色外衣——如金币般浓郁、纯净而鲜艳的色泽。树下的小径同样覆盖着一层金色地毯，水青冈的落叶闪耀夺目、熠熠生辉，这真是一处曼妙绝伦的风景。

梅里叔叔看见小姑娘驻足凝视着树林染成金色的画面，像是怎么看也看不够的样子，便欣喜地说：“又是一幅值得珍藏在心底的画卷，珍妮特！金秋的水青冈大道，是属于乡村的另一个荣耀时刻。”

## 自然小课堂

### 树叶缤纷的色彩是怎样来的？

到了秋天，大多数树木的叶子都变成黄色、红色或紫褐色，成为秋天里一抹亮丽的色彩。孩子们满心欢喜地欣赏着秋日里绚丽的色彩。你知道秋天叶子缤纷的颜色是怎样形成的吗？

树叶中除含有使叶片呈现绿色的叶绿素外，还含有叶黄素、胡萝卜素、花青素等其他色素。到了秋季，气温下降，昼夜温差加大，叶绿素因降温分解之后，绿色逐渐褪去，叶黄素、胡萝卜素、花青素的颜色就会显现出来。

树种不同，叶子中所含的主要色素也会有所不同，有的树叶看上去接近橙色，有的树叶是亮黄色，有的树叶接近褐色，有的树叶变成鲜艳的红色。

当叶黄素显现出来，枝头就形成亮黄色的

“金秋”美景。等到叶黄素也开始分解，颜色变淡，金黄色的叶子往往会变成枯黄色或褐色。秋季快要枯萎的叶子接近橙色，这是胡萝卜素联合红色、紫红或褐色色素共同作用的结果。

花青素是树叶变红的主要因素。当秋季夜间降温，叶子中的糖分和花青素发生反应，形成“花青素苷”，树叶就从浓郁的绿色变成亮丽的红色。

总之，无论树叶是哪一种颜色，都不是某一种色素作用的结果，有时是多种色素一起综合的效果，有时是色素和糖类联合形成的。

2

## 寻找十月里新开的花

男孩们在前面拖着脚走，踢着地上的落叶。弗格斯绕着他们翩翩起舞，还不忘用嘴衔起几片来。

“这像是一种迷你的小不点儿刺猬。”帕特说，“叔叔，这是什么？”

“这是水青冈的果实，叫水青冈果。”梅里叔叔说，“你们看看这果荚是多刺的，正如你所说，就像一个极其迷你的刺猬。它里面藏着的就是水青冈坚果，是松鼠特别中意的食物，松鼠们喜欢把坚果藏起来以备过冬之需。”

“那儿就有一只松鼠！”约翰指着一只灰松鼠[1]说。

① 学名东美松鼠。

欧亚红松鼠

它正在忙碌地把水青冈坚果从多刺的果荚里头摘出来，津津有味地啃食着果仁。当它看见孩子们时，刺溜地爬上了一棵树就无影无踪了。

“这个月我们可能还会看见它将坚果储存在榛树的矮树丛里。”梅里叔叔说，“而在此之后，再次遇见它恐怕就要等到某个温暖的冬日啦，当它醒来几个小时出来觅食的时候。”

“叔叔，我猜很多小动物都正在为冬眠做准备吧。”约翰说，“青蛙啊，蟾蜍啊，还有我们那天看见的那些小青蛙，是吗？”

“是的，”梅里叔叔说，“它们很快就会回到池塘里，藏在泥浆里头。蟾蜍则会在潮湿的石头底下找到极佳的藏身之处。你们应该懂的，大冬天里外界根本没有任何飞虫或幼虫可供捕食，它们那敏捷而充满黏性的舌头毫无用武之地。”

“原来它们是用舌头捕捉飞虫的啊？”帕特问，“我还从来没注意过呢。”

“我见到过，”目光敏锐的约翰说，“叔叔，青蛙的舌头能伸出去好长，对不对？这个夏天，我曾看见一只青蛙猛地伸出舌头捕捉反吐丽蝇，一击必中，百发百中。”

“青蛙的舌头是紧紧地长在口腔前面，而不是像我们

一样长在口腔后部，”梅里叔叔说，“所以它能突然伸出去很长的距离！”

“今天并没有太多的花儿或昆虫，”珍妮特说，“我的意思是，没有太多‘新’的花儿。到现在为止，我没看到一朵新花。叔叔，我想是不是因为这个月原本就没有任何新花呢？我们只能发现田野孀草、汉荭鱼腥草、蓼花和草甸千里光，这些我都看到过了，此外还有一些其他曾看见过的花。”

“没错，珍妮特，花儿正变得越来越罕见，”梅里叔叔说，“尽管如此，我们还是能找到一些漂亮的花带回家。此外，这个月还是有两种新花的。而其中至少有一种是上个月就开放的，只是当时我们没有发现。现在带你们到我所了解的这种花的生长地去看看，你们就能一睹芳容了。”

他带领孩子们来到一片草甸，大家穿过大门，小心翼翼地在身后把门带上。在草甸的一个角落里，他们邂逅了一处美丽而意外的景致。

“在一年中的这个时候居然能看见淡紫色的番红花！叔叔，它们没有任何叶片。”珍妮特凝视着这片淡紫色的花，满心喜悦地说。”

“没错，”梅里叔叔说，“叶子要到明年夏天才会长出来呢，现在就只有孤零零的花朵。”

“这花叫什么名字呢？”珍妮特问。

“这是秋水仙，也叫草地番红花①。”梅里叔叔答道，“这其实并不是真正的番红花，它属于蓝铃花家族。”

“我想去摘一点儿带给妈妈，”帕特说，“她会很喜欢的。”

孩子们采摘了一束漂亮的淡紫色花。接着，约翰抬头望着梅里叔叔问道：“那么，您说的第二种新花在哪里呢？”

“这个，我就先卖个关子，你们自己去寻找吧！”梅里叔叔说着暗暗地笑了一声，“我们已经和它擦肩而过一次，毫无疑问之后还会遇见它好多次，就让我们瞧瞧谁会第一个发现它吧。”

孩子们睁大眼睛，寻找属于十月的第二种新花，尽管梅里叔叔告诉他们已经在五个不同的地方遇见过它，但仍然没人能发现。

在篱笆边一个温暖的角落里，约翰突然发现了一只正在晒太阳的优红蛱蝶，忙跑了过去。“噢，看呀！”他喊道，“这蝴蝶是不是很漂亮？叔叔，那儿还有一只孔雀

---

① 学名秋水仙，别名草地番红花。

蛱蝶呢，还有一些胡蜂和两只反吐丽蝇，还有许多其他飞虫！”

孩子们都跑过去观察这一支昆虫小纵队了。梅里叔叔看了看昆虫，接着又看着孩子们，露出滑稽的表情。约翰琢磨着叔叔究竟在想什么？小男孩死死地盯着昆虫们，随后他终于发现了，原来这些昆虫正在吃的这株植物正是那久违的“新”花！

“叔叔！这就是您提到的‘新’花吧。”他叫道，“我们真是睁眼瞎！这是常春藤的花，对吗？究竟是因为什么，我们竟然对此浑然不觉！这是一种绿黄色的花，也许正因为这样我们才没能轻易发现它，就连优红蛱蝶都忍不住指给我们看。”

“好吧，我很高兴你们终于发现了。”梅里叔叔说，“是的，常春藤的花朵的确是这个月才初来乍到的，而且这也是花能为昆虫提供的最后一顿美食。所以，你们才会在这儿看见这么多昆虫，它们正对着常春藤盛开的花朵里的花蜜饱餐一顿。”

“哎呀，我也很高兴我们最后还是找到了这花。”珍妮特说，“我已经变得非常焦虑了！叔叔，浆果还得等到早春时节才会结出来，是吗？我还记得最初发现它们时，我们还觉得它们像是靴子上的黑色纽扣呢。”

绿地上和树林里的蕨类植物，都已换上了华丽的赤褐色秋装。“它们很快就会凋亡，变得湿漉漉的，并很快腐烂掉。”梅里叔叔说，“还记得吗？当时我们看着它长出卷曲的叶子并逐渐张开的样子，就像手指一样？这一年我们见识了太多美妙的事情！”

在继续前行的路上，孩子们摘了许多黑莓。篱笆上满是成熟多汁的浆果，十分可口。在采摘黑莓时，大家还听到了知更鸟的鸣啭声。珍妮特看着梅里叔叔说：“这是一首多么清脆悦耳、圆润动听的歌曲啊！”

“没错，知更鸟总是会在秋天唱出优美的歌曲。”梅里叔叔说，“你们还将听到其他鸟儿再度开始鸣啭，但是知更鸟才是秋日歌坛的真正巨星。”

一些蓟种子冠毛飘落下来，约翰抓住了一些。“这东西柔软又漂亮，是不是？”他说，“叔叔，这是蓟花传播种子的方式吗？”

“没错，”梅里叔叔回答道，“我在考虑啊，约翰，下一次散步时，与其让你们再去搜寻‘新’花，还不如让你们去寻找种子和果实，然后请你们告诉我各种植物是如何传播种子的。”

“噢，那一定很有趣！”珍妮特说，她喜欢参与任何形式的竞赛，“我现在就能想出一大堆种子和浆果的名字。

好呀，下一次散步就按您说的办，叔叔，我相信自己找到的是最多的！”

“我们走着瞧呗！”梅里叔叔说，“按往常的话，我肯定会认为约翰找到的最多，但是你和帕特最近也越来越善于观察了，我现在不确定谁能获胜。”

大家开始返程回家，让弗格斯难过的是，好不容易才发现一批令它激动万分的兔子洞，正想迈着轻盈的脚步追过去呢，却发现兔子们都到了空旷的田野上。

梅里叔叔抬起头望着空中。“瞧，”他说着，指向田野另一边的电线上，“这里有最后一批燕子正在离开我们呢。”

电线上满是叽叽喳喳的家燕和毛脚燕，它们聚集在一起，准备飞往南方。在那儿，它们能沐浴温暖的阳光，可以找到足够的昆虫为食。“今晚，它们会聚在一起高飞，向着南方飞翔，”梅里叔叔说，“我们最好现在就跟它们道别吧。”

“我不喜欢跟燕子说再见，”珍妮特伤感地说，“整个夏天，能看见它们的身影、听见它们的声音实在是一件美妙的事情，我多希望它们能留下来陪我们。”

“好啦，还有一大群鸟儿陪着我们呢，”梅里叔叔说，“下个月我们就可以看看到底有多少鸟儿陪我们。珍妮特，打起精神来，不久燕子们就会回归的！”

大家走在家门前的小路上，注视着燕子在高空飞翔，明天就看不见这些鸟儿了，它们将往南方飞。

“下次散步的时候，我们一定会度过一段有趣的时光！”约翰说，“珍妮特，我猜自己能赢得竞赛。”

“你等着瞧吧！”珍妮特和帕特说。

自然小课堂

## 松鼠怎样找到自己藏的坚果？

梅里叔叔说，松鼠特别喜欢藏一些坚果作为过冬的食物。松果、橡子等坚果是松鼠喜爱的食物，但是松鼠不会把所有的坚果藏在同一个地方。

松鼠会用多个地方来藏坚果，这样做的好处是一旦发生意外情况，比如，所藏坚果被某个动物发现并被偷了，它能保证自己有足够的存货。

但松鼠是如何记住那么多储藏地点的？事实上，松鼠能够准确记得坚果的埋藏地点。一方面，松鼠的嗅觉很灵敏；另一方面，松鼠会对坚果进行分类，将每种坚果藏在不同的地方。这样，等需要找出坚果时，松鼠就能确切地知道在哪里找了。

有时候，松鼠在埋藏坚果的时候发现另一只松鼠正在观察它，它会假装继续工作，然后把坑盖上，但其实它并没有把坚果埋藏在那里。这种战术欺骗行为，目的是为了分散旁观者的注意力，通过巧妙运用欺骗的方式，把宝贝藏在其他地方。

# 3 令人激动的自然寻宝比赛

梅里叔叔告诉孩子们，这次漫步每个人都要背上一个小背包，用来装各自找到的东西。这样，等漫步结束时，孩子们就能轻松地清点物品并分类整理了。

“当你们过来展示各自找到的东西时，我会在笔记本上制作一个列表清单。”他说，“而当你们向我讲述关于所寻获东西的故事时，我会根据你们所说的知识给你们评分。比方说，假如有人向我描述松鼠是如何帮助榛树种下它们的坚果时，我就会给出一个高分。”

“松鼠真的能做这些事？”帕特说完，转念一想自己也乐了，“哦，可不是嘛，当然啦！它把榛子储存在角落里或缝隙中，对吧？其中一部分一定会长成大树的！这样一来它不就帮助榛树传播种子了嘛！”

“非常正确！”梅里叔叔一边说，一边拿出一本厚厚的笔记本和一支铅笔，“现在你们都准备好了吗？不行，弗格斯，你不能参加这次比赛，不好意思，你顶多只会给我带回一些兔毛！”

他们愉快地出发了，三位小朋友去寻找各种各样的种子及果实，没过多久，他们就找到了不少宝贝！

珍妮特带来一串漂亮的纺锤状的东西，正是梣树的翅果。她说：“这是梣树翅果！叔叔，梣树将它们送入空中，由风吹动它们旋转着离开。”

“聪明的姑娘。”梅里叔叔说着，在笔记本上记下来。

“七叶树果和栎子。”约翰跑过来说，“我敢肯定松鼠有时候也种下了栎子，叔叔，您看，光滑的褐色七叶树果在它多刺的果荚里多么可爱啊！”

“是的。”梅里叔叔说。约翰还给了他一些榛子和水青冈果，他把这些都记了下来。

帕特带来了一小簇黑莓和一束花楸树的浆果，珊瑚红色的花楸果漂亮极了。“我认为是鸟儿帮助花楸树传播种子的，”他说，“叔叔，我看见一些鸟在花楸树上吃着果子呢。”

“我给打个高分。”梅里叔叔微笑着说，“你们每个人都要好好加油哦，我还想记录下更多的内容呢。”

珍妮特带来一些蓟种子冠毛和蒲公英球絮；帕特带来的是紫色的接骨木浆果，还有野蔷薇那深红色及鲜红色的浆果；约翰找到好大一簇老人须，展示给叔叔看每粒种子是如何长出一羽精致的丝状茸毛并借此来飞翔。

“是风帮助老人须传播种子，”约翰说，“同样也是风在帮助蒲公英和蓟花传播种子，对吗？”

“没错，珍妮特应该先告诉我这些才对，”梅里叔叔说，“可她忘记了。”

“噢，叔叔，是鸟儿帮助野蔷薇果和山楂果传播种子。”帕特赶紧说，“它们把新鲜可口的果肉吃掉，将山楂果里小小的硬核和野蔷薇果里毛茸茸的种子吐出来，我看见过。”

“非常棒！”梅里叔叔说，在笔记本上记上一分。

寻宝比赛仍在继续，竞争趋于白热化。这比赛让孩子们走进田野里，来到篱笆边；让他们仔细检查大大小小的各类植物；把他们带到任何一个绿色的角落。总之，这是件充满乐趣的事。

帕特发现了柳兰的种子，他记得梅里叔叔曾说过的话。他发现柳兰的花已经全都不见了，原先长出花的位置现在长着狭长的种荚。种荚张开着，使其中微小的卵形种子可以自行出来，并借由丝质的茸毛飞翔。梅里叔叔对帕特这次的表现极为满意。

接着，珍妮特带来一些野生三色堇的种子。“看呀，”她说，“种荚之间在边缘处互相挤压，使其中小小的种子得以蹦出来。叔叔，它们被高高地弹射到了空中。”

“非常正确！”梅里叔叔说，“有许多植物采用这种类似爆破的方式把自己的种子传播出去。啊，约翰带来的种球真好玩。”

大家全都凑过去看约翰找到的虞美人的种球，褐色而坚硬。“我看不清楚它的种子是如何传播的，”他说，“当我摇晃着虞美人的种球时，叔叔，种子从其他地方冒出来，有点儿像用胡椒瓶撒胡椒的样子，小小的黑色颗粒。它们究竟是从哪儿来的呢？”

“看看种球顶部隆起部位的下方，”梅里叔叔说，“那儿有一些小孔或小窗，它们得等到种子成熟时才会打开，那就是种子们冒出来的地方。”

“嘿，这才是真正的智慧，”约翰说，“我猜当风吹动虞美人的种球时，种子就从小窗里弹了出来。叔叔，我能凭这回答得到高分吗？”

“只能得一半的分数，”梅里叔叔说，“因为我给你提供帮助了呀！”

野豌豆的豆荚也被孩子们找了过来，一些豆荚扭曲缠绕得紧紧的，通过这种方式将种子弹射出去。毛地黄的蒴果也被找来了，里头满是极小的黑色种子。同样微小的猪殃殃的圆球形果子，三个小朋友分别都找来了，也都了解它们是通过路过的人或动物传播的，就连弗格斯的皮毛上也粘上了一些。

约翰带来了某种伞形科植物的种球。“叔叔，我觉得这些是峨参的种球，”小男孩说，“我刚刚在篱笆边上的时候轻轻擦碰到它的，然后它就往我身上投射种子！看呀，当我触碰种球时，一部分种子马上就弹射出来了。”

“真不错，”梅里叔叔说，“伞形科植物喜欢这样把自己的种子投射出去。有时，它们能投射到很远的地方。你们知道吗？它不会让种子自由落体在母株下方，否则等种子在同一个地点成长之后，就会互相夺取土壤中的养分。所以种子必须以某种方式到远一点儿的地方去。”

珍妮特带回一些汉荭鱼腥草，她把鸟嘴似的种荚展示给大家看：“瞧，当有尖刺的鸟嘴裂开时，微小的种子就会射出很远，超出我的视线范围。叔叔，这也是爆破型的传播方式，对吗？”

“没错。”梅里叔叔说，他在珍妮特的清单上记下汉荭鱼腥草，“嘿，帕特带着什么东西过来了。帕特，你找到什么了？”

帕特带来的是褐色的栎瘿(yǐng)，他自豪地把它交给梅里叔叔。“这一定是栎树的果实吧，和栎子一样。”他说，“叔叔，是不是没人找到过这个？种子在里面吗？”

梅里叔叔笑得乐不可支。“傻孩子！”他说，“这种栎瘿根本就不是果实，也绝对不可能有种子啊，这只是小昆虫制造出来的。”

“一只昆虫是怎么在树上造出这种东西来的呢？”帕特惊讶不已地问道。

“一种飞虫，名叫瘿虫[1]，它在春天飞来，”梅里叔叔说，“找到一根新长出的精美的栎树嫩枝，刺穿嫩枝后，就在这个洞里产卵。因为这根嫩枝受到了这样的刺激，树木就会在此处生长出一个柔软的海绵球状的东西，而这个球就是栎瘿。虫卵在栎瘿里孵出来，幼虫也是以此为食。”

“噢，”帕特说，“难怪在我说起栎瘿里面的种子时，您要笑话我。那儿只有一只幼虫而已。”

“这会儿就连幼虫都没有了，”梅里叔叔一边说，一边把坚硬的褐色栎瘿指给帕特看，“你看见这个孔了吗？这儿就是当幼虫发育成熟后爬出去的通道。你总能轻易

① 瘿虫种类繁多，可能是瘿蝇，也可能是瘿蜂。

判断栎瘿里头是否还有幼虫，只要注意寻找任意一个洞孔就行。”

“好吧，恐怕这次我得不到高分了，”帕特大笑着说，“我会再去找点儿其他东西来的。”

自然小课堂

## 果实和种子的奇妙之旅

孩子们将各自寻找的果实和种子交给梅里叔叔时，再向他讲述所拾之物的故事。他们说的都是关于果实与种子的历险故事，听起来非常有趣。

当我们捡拾一枚果实、一粒种子时，观察它们的外形与颜色，想想它们经历的冒险经历，是随风起舞，随波逐流，还是寄人篱下？不管它们有着怎样的历程，都是为了更好地延续生命。你可以收集一些果实或种子来，放在案头，或做成标本，种进土里，感受大自然的神奇，等待小小种子的发芽，见证生命奇迹的到来。

当然，我们还能用捡到的果实和种子开启一

段奇妙的旅程，可以试试下面这些方法：

1. **制作标本。**用透明的小塑料盒或玻璃瓶，将果实或种子分门别类装起来，在盒子或瓶身贴上标签，写下名字、捡拾地点和时间。并把关于它们的故事，记录在笔记本上。

2. **做种子收藏盒。**你还可以做一个种子收藏盒，准备一个大纸盒或木盒，用厚纸板将盒子内部分隔成 4 厘米 × 4 厘米大小的小格子，将种子放进格子里，并标上名称。最后，用透明的玻璃纸或塑料板盖住，一个精致的种子收藏盒就做好了。收藏盒里可以放一些干燥剂或樟脑丸，不仅能保持种子干燥，还能防虫。

3. **做种子工艺品。**可以用收集的种子，做成手工艺品，用手工白胶将种子粘到钥匙扣、发夹、别针等上面，做成充满自然气息的饰品。

4. **种子拼图。**先用铅笔在图画纸上构图，然后在种子上涂抹手工白胶，再贴在纸上。也可以点缀一些干花瓣或叶片。等干后，就成了一幅美丽的画，还可以装裱起来呢。

4

# 谁赢得了比赛?

孩子们找到了很多从树上飞落的翅果。西克莫槭树将自己的种子送出去，种子靠着那薄如纸的翅膀在风中飞翔，同样纷飞的还有槭树[①]的种子。而榆树则给每粒种子单片翅膀，松树也是这样。桦树也将它的翅果发散到空中，从腐烂的飞絮中逃离出去。世上有这么多不同种类的种子，植物有如此多样的方式将种子们送上成长的旅程，真是让人惊叹不已。

“鸟类和小动物帮助种子们，风儿帮助种子们，爆破的方式也在帮助种子们。”珍妮特说，“一些种子长有软毛，一些种子长着翅膀，而另一些种子拥有‘降落伞’，

---

① 学名栓皮槭。

大千世界真是无奇不有！”

“白泻根的浆果，黑泻根的浆果，”约翰得意扬扬地说，他把几簇果子塞到梅里叔叔手里，“还有忍冬的浆果，叔叔，它们看起来不错，应该能吃！”

“喂，可千万不要吃，”梅里叔叔说，“它们都有剧毒！嘿，珍妮特带来了一串斑点疆南星果，这可是我期待已久的，正想说你们谁能尽快带来给我看看呢。”

孩子们注视着珍妮特展示的这枝挺拔而鲜艳的浆果，他们都记得在春季看到过斑点疆南星奇怪的斗篷似的鞘(qiào)；它们的花儿那种奇怪却又十分可靠的授粉方式；他们还记得那拨火棍状的舌头。现在依旧是熟悉的斑点疆南星，已长出鲜艳的浆果。

“能看到一件事情的开始和结束真是美妙极了，”珍妮特说，“我喜欢了解一个完整的故事。”

“有钩子和翅膀，还有降落伞和茸毛，植物王国的‘宝贝们’可真是十八般武艺样样精通。”帕特说，“叔叔，一年中，现在真是搜寻果实和种子最美好的时节，对吗？我完全无法想象，田野里和篱笆边究竟有多少这样神奇而有趣的事情。在春天和夏天寻找花儿固然有趣，但这会儿去搜寻属于它们的果实和种子，并探索它们如何将这些果实散播到这个世界则更有意思。”

“我觉得我们的寻宝比赛现在可以告一段落了，”梅里叔叔说，“去想点儿别的事情。噢，等一会儿，珍妮特又带来一些东西。珍妮特，你带什么过来了？”

“悬铃木果子，”珍妮特说，有点儿上气不接下气，“我得爬上树才能摘下它们，叔叔，您瞧这儿有一些椴树的果实，就像一颗颗小球。”

“了不起的姑娘！”梅里叔叔说，“你们还记得夏天椴树的那些小花吗？现在这就是果实，依然被长长的苞片保护着！它们是毛茸茸的，对吗？我们要不要一起看看里头是否有种子？我们只在夏天见过它们。”

梅里叔叔打开椴树的小圆球果子，每个圆球里有一两粒种子。他正打算合上笔记本时，约翰气喘吁吁地冲了上来。

“叔叔，还不能终止比赛！”约翰大喊道，“我找到了一些可爱的红豆果，它们看起来就像一团粉红色的蜡。瞧，这儿还有一些早开的冬青树浆果。另外啊，叔叔，这些十分可爱的东西是什么？它们身上有着怪异的色泽。”

他拿出一簇树枝，枝头上有一些非常亮眼的浆果。鲜艳的粉红色果子分裂成三份，露出里头明晃晃的橙色种子。

“这是卫矛[1]的浆果，”梅里叔叔说，“也是我们这儿非常美丽的一种果子，有着奇妙的颜色，粉色和橙色相间。约翰，你妈妈会很喜欢它们的枝条插在花瓶中娇艳多姿的样子。”

“谁赢得了比赛？”帕特问。

“清点一下你们找到的宝贝，告诉我你们分别找到了多少。”梅里叔叔说，“然后，我会把给你们打的分数加起来，明天我会告诉你们谁赢得了比赛。”

“为什么不是今天？”帕特继续问，略显失望。

“我自有道理。”梅里叔叔都这么说了，孩子们只好不再追问。

他们花了很长时间寻找并搜集种子和浆果给梅里叔叔，这会儿大家都饥肠辘辘地渴望着吃午餐。他们转身回家，很高兴又度过了一个非常美妙的上午。

在穿越树林时，他们看见灰松鼠把榛子藏了起来，还看见了各种各样的菌菇。珍妮特又发现了一个深绿色草丛组成的仙女环。

当大家穿越田野时，约翰看见一只奇怪的鸟正在啄矮树篱上的浆果。“叔叔，您瞧，”他说，“那儿有只我从

---

① 学名欧洲卫矛。

来没见过的鸟。好奇怪啊，我还以为自己现在已经领略过所有常见鸟的风姿了。”

“啊，那是一只迁徙过来的鸟，从北方飞到我们这儿来的。”梅里叔叔说，“约翰，一些鸟离开我们去往南方，而另一些鸟则从北方飞到我们这儿来。这是田鸫，是一种鸫科的鸟类。如果你们仔细在田野里观察的话，就会发现另一种迁徙过来的鸟，这个月初来乍到的红翼歌鸫[①]。”

“叔叔，它同样属于鸫科鸟类，对吗？”约翰说，“噢，它飞起来了，我知道它为什么叫作红翼歌鸫了。在飞行时，它的翅膀会显出栗红色。”

“没错，”梅里叔叔说，“在冬天的田野上，你们将会看到田鸫、红翼歌鸫和其他鸫鸟聚集在一起，而且你们能轻而易举地认出它们都属于鸫科鸟类。因为它们的胸部都长着同样的斑点。你们可得细心观察，看看是不是可以说出它们各自的名字。”

“不久就到十一月了，”帕特沮丧地说，“我猜那时不能散步了。叔叔，对吧？因为外面又会没什么东西可看了。”

---

① 学名白眉歌鸫。

“好吧，我还指望着你们都能陪我一直走到年底呢。”梅里叔叔说，“不过，当然喽，帕特，如果你果真认为外面没什么可看的话，那么请你别来了。”

“叔叔，我当然要参加啊！”帕特仓促地回应道，“我知道只要是您带我们出去，就一定有很多可看的。天啊，我相信就算是在某个冬天的大半夜里，您带着我们冒着凛冽的暴风雪出门，也总能发现许多事物！”

这话把大家都逗乐了，孩子们在大门前与叔叔互相道别，各自进屋。孩子们的妈妈十分惊奇地看到他们放在包里带回家的各种各样东西，她也非常愉快地收下了可爱的卫矛浆果枝条。

“谁赢了？”她问道。但没人知道，他们直到第二天才知道结果，梅里叔叔发过来一张小便条和一个大包裹。

“你们都表现得十分优异，我没办法把谁排头名、谁排末位。”他在便条上写道，“因为你们表现得都很机智，所以我给你们每个人都准备了奖品。鸟类图书给约翰，花卉图书给珍妮特，动物图书给帕特。”

“哇，叔叔可真好！”珍妮特叫喊道，打开了自己的花卉图书，“瞧，书上有每一种野生花卉的彩色插图，正是我想要的！约翰，你的书上有每一种野生鸟类的彩色插图，帕特的书上当然都是野生动物的插图！让我们冲到梅里叔叔家，给他一个大大的拥抱吧！”

他们说到做到，叔叔倍感欣慰。“你们值得拥有这些奖品，”他说，“我希望你们能用好这些书，每年都有进步！”

自然小课堂

### 悬铃木

大部分城里孩子都认识悬铃木，因为它是城市树种，人们经常能在市区街边看见它。注意观察它的树干，通过它脱落的树皮，你就能认出它来。在灰色树皮大片脱落的位置，你将在树干的内表皮上看见鲜艳的黄绿色斑块。这种树干上补丁状的特征，使悬铃木无论在城里还是乡野都很容易辨认。

暗绿色的叶芽是圆锥形的，在细枝上互生。悬铃木的树叶跟西克莫槭树的叶子很像，呈五根手指组成的掌状，叶缘锯齿状。绿色的叶柄非常完美地与下一年的叶芽契合，并将后者保护得很周全。

悬铃木有两类花：雄花和雌花，雌雄同株。它们都是球形的，从长长的花梗上悬垂下来。摘下一些球形花下来，注意观察某些花里有一束束紫色的雄蕊，而在另外一些花里则有绿色的种荚。长有雄蕊的球将会枯萎凋零，而有种荚的则会长出种子。这些球形花在冬天里将会变成暗褐色的，悬在枝头一整季，在没有树叶的枝头格外显眼，因而即便是光秃秃的，你也能一眼认出这种树来。这些球就像是针线穿在长茎上一枚枚圆圆的扣子。

春天到来时，这些老的褐色球形花满载成熟的种子，掉落在地上，那时种子就会被风吹向远方。

# 十一月自然散步

## 朋友

伊妮德·布莱顿

当我踏进，这树林里，
松鼠并未悄然溜走，
褐色兔子跑来嬉戏，
我是朋友，它们深知。
刺猬轻挪着脚步，
知更鸟发出圆润啼啭，
老鼠全都蹲着不乱窜，
圆珠小眼盯着我瞧。
它们对我毫不惧怕，
蟾蜍从藏身之石下窥探，
狐狸孤身匆匆上前，
我是它们的朋友，你们看吧！

5

# 凤头麦鸡的小伎俩

“真是个雾茫茫的早晨啊！”珍妮特说着，望向窗外，“一眼望去到处都是这般潮湿而沉闷，大部分树木的叶子都已凋落，花园现在看起来邋里邋遢的，一片荒凉。”

“今天是礼拜六，”约翰说，“我们得有一两个礼拜没有跟梅里叔叔出去散步了吧，我想知道他今天是否会带我们出门。”

“在今天这样潮湿而雾蒙蒙的田野上，应该没什么东西可看的。”帕特说，他坐在燃烧正旺的壁炉旁缩成一团，阅读着梅里叔叔送给他的动物图书，“大部分动物会睡大觉，以度过寒冷的日子，在外头也不会发现什么昆虫，几乎没有什么花，顶多还有几只鸟可以看看。”

一阵熟悉的口哨声在门外响起，珍妮特再次跑到窗户边。“是梅里叔叔！”她愉快地说，“他穿上了外套，弗格斯也跟着呢，我敢肯定他打算去散步。帕特，你想去吗？约翰跟我肯定会去，但是你大可不必勉强哦。”

在这种潮湿而多雾的日子里，就算是温暖的火炉和有趣的图书，也抵不上与梅里叔叔外出散步的诱惑大。他合上书页，跳起身来。

“走啊！”他说，“快跟梅里叔叔打声招呼，告诉他我们来了！”

于是，五位漫步者再度集结，离开屋前的花园，走过篱笆间的小路，那儿看起来已经空空如也，他们的脚下潮湿而泥泞。孩子们穿着长统胶靴和厚外套，心里都企盼着太阳能出来，因为他们实在是觉得冷。

然而，刚走了一阵子，他们的身上就有了些许暖意。跟往常一样，弗格斯在队伍的前方小跑着，腿上沾满泥浆，湿漉漉的，但它毫不在意。它的尾巴在空中高高摇摆着，内心怀揣着邂逅兔子的强烈渴望。

当孩子们穿越树丛时，发现树林的地面上已经积起了厚厚一层落叶，他们用脚随意搅乱着潮湿的落叶。在珍妮特看来，落在地上厚厚一层的水青冈树叶即便是湿漉漉的，也仍然呈现出非常美妙的色泽。

“叔叔，昨天早上树叶落下得特别快，”珍妮特说，“我猜想，是风把它们吹落的吧？”

“对的，”梅里叔叔说，“但是它们本来就要落下了，在枝杈上已经松动了。你们知道的，再大的风也不可能在夏天把树叶给吹落下来。”

“好吧，那它们为何会在秋天松动呢？”珍妮特继续问道，“又是什么使它们松动的呢？”

“当适当的时节来临，树木会想要把满身的树叶都送走，”梅里叔叔说，“所以它们会做好准备，使此事得以顺利进行。我来告诉你们究竟发生了什么。”

“对于我们的问题，您心里总是有答案。”约翰说着，攀上了梅里叔叔的手臂。

“每片树叶都是通过结实的纤维与细枝连接，”梅里叔叔说，“这也就是为什么在夏天我们需要剧烈拉拽树叶才能折下它，因为必须得折断这种纤维。而如今，当秋日来临，在叶柄与细枝之间长出了一层外皮，将细枝与叶子之间的纤维分开，此时只要借助一阵轻风，树叶就会脱离细枝。于是，一夜霜冻过后，霜冻也会使叶子松动，我们就会看见成千上万的树叶在微风中打着旋儿飘落。”

“我猜当树叶腐烂时，能使土地变得肥沃，并为其提供养料。”珍妮特说，“这就像凋亡的伞菌为仙女环中的青草提供养料，而使其颜色变为更深一些的绿色一样。”

“没错，”梅里叔叔说，“树叶从来就没被浪费。它们腐烂后，会将树木从土地里汲取的营养重新归还给土地。‘死去’的树叶就是通过这种方式赋予新的植物生命，它们为贫瘠的土壤提供养分，而土壤则给新生植物提供养料。这就是一种生命的循环。”

“真有意思。”约翰说，“叔叔，不久我们就有机会清楚地看到那些不掉树叶的常绿树。我们能在冬天见到常绿树真是件了不起的事情，如果哪里都看不到一丝绿意，我们的乡村看起来该是多么空荡荒凉啊！”

“看看那群聚在一起的鸟啊！”帕特说，大家正从犁过的地旁边经过，看见数百只鸟从头上掠过，“叔叔，它们是什么鸟呀？”

“是凤头麦鸡，也叫折翅鸟①，”梅里叔叔说，“看见它们飞行时那扑闪扑闪的翅膀了吗？在冬季，除了知更鸟和鹪鹩（jiāo liáo）这类鸟，大多数鸟都喜欢群居，比如椋鸟、鸽子、苍头燕雀和凤头麦鸡。”

“为什么要叫它折翅鸟？”约翰问，“叔叔，我一直

---

① 中文别名中没有这个名字，这是英文名称 lapwing 的直译。

想要问您这个问题，但又总是忘记。”

“被称为折翅鸟，是因为它们会使用一种狡猾的小伎俩，对付任何试图发现并掠夺它们的家园的天敌们。”梅里叔叔说，“当有人离巢太近时，凤头麦鸡就会出现在这人身前，尖叫得好像自己受了伤似的，拖着一只翅膀在地面蹒跚前行，装作自己飞不起来的样子。它心里清楚，这样很有可能会诱使敌人试图为抓住自己来跟踪追逐。”

“我懂了，”约翰愉快地说，“它希望诱骗这个人来追踪自己，这样一来就能把对方引向远离鸟巢的地方。这可真是机智啊！”

“那群鸟是苍头燕雀吗？”珍妮特问，指着农场的方向，能看到那儿地面上有一大群小鸟，正在啄食撒在地上的谷粒。

“没错，”梅里叔叔说，“择偶和筑巢的日子都已经离它们远去了，现在这群鸟就喜欢聚在一起，共同搜寻食物。”

孩子们观察了好一会儿苍头燕雀，能整天和一群友善的伙伴共同飞翔，一起寻觅并分享食物，面对任何常见危险时都能守望相助，在他们看来这一定是件有趣的事情。

自然小课堂

## 落叶有哪些作用？

梅里叔叔对孩子们讲解落叶腐烂后，又给树木和植物提供养料，使其更好地生长，这是一种生命的循环。没错，落叶可不是没什么用的垃圾，它的作用大着呢。

飘落在地面上的不仅有落叶，还有枯枝、果实和种子。它们不断积累，越来越厚，覆盖在地面上，就像一层厚厚的海绵被，避免了雨水对地面的直接冲刷，起到保护水土流失的作用。特别是在山林中，它们更是避免了山洪的暴发。而且，枯枝落叶层腐烂后，变成肥沃的土壤，还为树木的生长提供养分。

在森林中，枯枝落叶间还是很多小生物的家，像蝴蝶、蚂蚁、甲虫、蟾蜍、蚯蚓，就生活在落叶里，以树叶为食，在那里产卵。除了这些小生物外，还有数不清的细菌和真菌等微生物生活在落叶中，它们能分解枯枝落叶，形成腐殖质这种树木所需的天然肥料。而真菌能把枯枝落叶分解成一种可供自己利用的物质，使菌体长出地面，形成蘑菇，有的可以食用。

落叶可以遮挡土壤，保护土壤免受气温骤降的侵害，能减少水分的蒸发，保持土壤的湿度。

此外，你可以收集落叶用来堆肥，将叶子装在一个容器内，盖上土、稻草或干草，使其在分解期间不受日晒和雨淋。在保持湿润的同时，每隔十五天用铲子翻动搅拌，让叶子呼吸到氧气，过两三个月，就可以给你的植物施上这种天然肥料了。

6

# 在迷雾中散步归来

“这儿聚在一起的苍头燕雀，远没有凤头麦鸡那么多。”约翰抬起头望着天空说，“叔叔，天上一定有上千只！”

“约翰，的确有这么多，”梅里叔叔说，“当农民耕地时，凤头麦鸡会是他们的好帮手。瞧，那儿有一块农田正在耕作，我们过去看看，农夫的脚边是否有凤头麦鸡相伴？”

他们绕过去看，果然，许多鸟就跟在犁后面走着，激动地捕捉着犁地时土壤里翻起的害虫。

这些鸟里有数百只凤头麦鸡，几只红嘴鸥，一些秃鼻乌鸦和一两只寒鸦。

“你们能分辨出寒鸦，因为它们的体形比秃鼻乌鸦略小。”梅里叔叔说，“此外，你们在这儿能看得清它头部背后的灰色斑块吗？那是我们区分寒鸦与秃鼻乌鸦的另外一种办法。”

“噢，是的，”约翰说，“我能清楚地看见那灰色的斑块。叔叔，鸟儿们一副怡然自得的样子，它们看起来很享受在田地里的美好时光。”

“瞧，”当大家经过田边高高的篱笆时，帕特说，“常春藤开着花呢。叔叔，它属于晚花类植物，对吗？”

“是的。”梅里叔叔说，“看啊，花上有一只孤零零的蝴蝶正尽情享用美食呢，旁边还有一只懒洋洋的胡蜂蜂后。”

孩子们便打量着那只翅膀十分粗糙的孔雀蛱蝶，和体形巨大的胡蜂蜂后。

“蜂后应该处于冬眠期才对，”梅里叔叔说，“它要不赶紧找到一个有遮蔽的安全场所的话，会被冰霜冻坏的。”

“那您这意思是，它也能活过这个冬天？”珍妮特问，“我还以为胡蜂在秋天就死了呢。”

“工蜂会死去，”梅里叔叔说，“但蜂后不会。它会坚持活下去，在春天产卵并造出如纸般纤薄的蜂巢。我估计这只蜂后会到墙上厚厚的常春藤叶子那里去寻求庇

护所，睡一觉，直到来年春日暖阳拂过，周身暖意融融，再度神气活现起来。”

“那这只蝴蝶呢？”帕特问。

“难道你不记得今年早些时候，我们见到蝴蝶在睡眠中度过整个冬天吗？”约翰说，“叔叔，也许这只蝴蝶也会找到前往您卧室的路，然后就像您今年春天看到的那些蝴蝶一样，在那里沉沉睡去！”

“还真说不准哦。”梅里叔叔微笑着说，“许多蝴蝶都要冬眠，但是我们在晚春时看见的那些刚出生的蝴蝶并未冬眠。它们在蝶蛹里度过了整个冬天，并在温暖的春日里化身为蝶，破茧而出。”

“长在光秃秃的篱笆上的老人须，多可爱啊。”珍妮特说，她拔下一些来，“叔叔，这摸起来像羊毛一样！”

“‘老人须’真是个恰当合适的好名字呀！”约翰说，“叔叔，看它的种子上长着小绺精致小巧的茸毛。它的种子可真多呀，让人不禁以为漫山遍野都将开满老人须。”

“要不是鸟儿啄食了许多种子，的确有可能出现这种画面哦。”梅里叔叔说，“正如榛树柔荑花序能产出比其实际所需数量多得多的花粉，因为有太多花粉会在风中浪费掉。所以植物都会结出大量的种子，因为不是每粒种子都能找到一个家并生长的。你们知道的，小动物和鸟类会吃掉许多种子，只有幸存下来的才能落到土地上并生长起来。”

“我们要不要看看能找到多少花？”珍妮特一边说，一边注视着长在她脚下的一株茁壮的小雏菊，“这是一朵雏菊，叔叔，这会不会使您回想起五月的时光？当时我们一只脚就能覆盖二十朵雏菊。”

“那儿有一些牧羊人的钱包。”帕特说着，随手摘下一枝并注视着它那绿色的心形种荚，可以看到叶柄的顶端仍然有几朵细小的花。

“这下轮到我了。”约翰说。他看到脚边有一株植物长着一串细小的绿叶，便凑近去仔细看了看，摘下一朵，发现上头还有小小的绿色花。“又是一种开绿花的植物。”他说着，拿给梅里叔叔看，“叔叔，这有点儿像我们春天找到的扁桃叶大戟，它们是表亲吗？”

“没错，”梅里叔叔说，“这是膜叶大戟，你们这会儿应该能看到不少，这种植物似乎不怎么在意十一月寒冷的日子。同样不怕冷的还有长在墙缝中的另外一种植物，长着淡红的叶柄和微微泛红的绿色花，我们曾经找过它，你们还记得吗？”

“药用墙草。”珍妮特反应神速，她在记忆名字方面挺在行的。

她说对了，正是药用墙草，在老农场的一堵墙上有遮蔽的那一面长着一大堆。

孩子们发现了千里光和繁缕，这些在冬季开放的花。约翰还找到了大苞野芝麻；帕特则发现了一株结实的草甸千里光，在田地边上迎风摇摆。

“十一月还能有这么多花，”珍妮特说，把各种花放在一起结成小小一束，“我觉得下个月我们应该找不到这么多花了。叔叔，如果下雪的话就更难找了！”

“噢，我觉得我们还是能像往常一样找到繁缕和千里光，”梅里叔叔说，“也许还有一些金色的荆豆花呢。”

雾气越来越浓，尽管穿着厚厚的外套，孩子们还是冷得发抖。

“我们得回家了。”梅里叔叔说，“我们看到或找到了不少东西，我本想让你们看看能找到多少棵常绿树，不过就把这个任务留给本月的最后一次散步吧。弗格斯，快点儿跟上，回家了！”

田野笼罩着灰色的迷雾，漫步者们转向回家的路。天空中传来鸣叫声，那是凤头麦鸡仍在翱翔；不知何处传来几声知更鸟悦耳的曲子，孩子们路过篱笆时曾看到过它。

“现在所有知更鸟的雏鸟都长大了吗？它们也都长出

红色的胸脯来了吗？”珍妮特问道，“我在夏末时节看到过一些可爱的小知更鸟，叔叔，但当时它们的胸脯都还布满斑点，并不是红色的。”

“是的，它们现在长出红色的胸脯了。”梅里叔叔说，“作为一只雏鸟，在它们能照顾好自己之前，身披红色是一件比较危险的事情，但现在，它们都已经长大了，也已经对世事略知一二，是时候长出自己红色的羽毛了。”

“下一次散步，我们一定要挑一个晴朗的好日子，”帕特说，“不要在雾蒙蒙的天气里外出。”

“好的。”梅里叔叔说着，与弗格斯同时步入家门，“我们要在十一月里找一个特别晴好的日子，然后尽全力找遍所有常绿树！”

7

# 寻找常绿树

十一月的最后一周，迷雾倏然消散，阳光照射下来，虽显暗淡却也令人分外愉快。天空晴朗，孩子们跑去找梅里叔叔。

“我就猜你们会来家里把我拖出去散步，”他说着，伴随着一声爽朗的大笑，“弗格斯，你是不是跟我一样感同身受呢？”

“汪汪。”弗格斯迫不及待地回应着。它不理解为什么会非得等天气晴好才去散步？在它看来，即便是在冬天也用不着等啊，无论天气如何，外面的世界里总是有各种美妙怡人的气味，还有数以百计的兔子。

大家走在小路上，弗格斯像往常一样跑在最前面。“叔叔，今天我看到了歌鸫在用力扯着野蔷薇果，山雀还飞到我挂在窗口的骨头上晃悠呢。昨天，花园里的知更鸟也飞到窗台上歇脚呢，鸟儿们这会儿看起来都无精打采的。”约翰说。

“下个月我们制作一个鸟食平台吧，”梅里叔叔说，“这是拉近我们与常见鸟之间的距离，观察并了解它们的一个好办法。”

“噢，那一定很好玩。”帕特开心地说，“我一直想要一个鸟食平台。”

“现在开始寻找常绿树，”梅里叔叔说，“看看谁会先找到第一种？”

“我最先！”三个孩子异口同声地喊出来，每个人都指向小路上围绕着小屋花园的女贞绿篱。

“没错，”梅里叔叔说，“接下来留心寻找下一种吧。这在冬天挺容易找的，因为其他树木的枝头都已经没有任何树叶了。”

“常绿树从来不长出新的树叶来吗？”帕特问道，“难道它们年复一年地保留着老旧的叶子吗？”

“噢，常绿树的树叶当然也会凋落啊。”梅里叔叔说，“但是它们的叶子不会像其他树木那样在几周内一口气掉完，而是会在一年内一点一点地凋落。你们注意过松树下落的褐色松针吗？见到过你们家女贞篱笆下面凋落的女贞树叶吗？”

“噢，看到过。”帕特说着，似乎想起来了，“叔叔，能在整个冬天都长着树叶真是个好点子，能省去不少烦心事，不是吗？”

“或许吧，”梅里叔叔大笑着说，“但是你们可得了解，如果下雪，对常绿树来说可就不那么好过了。它们那粗大的长着树叶的枝头得托住雪，而雪的沉重分量经常会一下子压折这些树枝。而对于其他枝头光秃秃的树木来说，雪轻易就滑溜下去了，像栎树和榆树，它们就完全不在乎雪压枝头。”

“叔叔，这儿有一株常绿树，”约翰指着一株多刺的冬青树说，“瞧，它的果子长得有模有样，我们马上就能采摘精美的冬青果用作圣诞节装饰品啦。”

“没错，冬青树是常绿树，”梅里叔叔说，“加快点儿速度，再找点儿别的，外头还有很多呢。”

“那儿有一种！”珍妮特指着一棵高大挺拔的树说，“叔叔，这是棵圣诞树。”

“这么说也行，”梅里叔叔说，“它的学名叫什么呢？”

没人能答得上来。“云杉[①]，”梅里叔叔只好自己说出

---

① 学名欧洲云杉。

来，“你们一看到它顶端的尖塔形状，就能认出来了，看见了吗？”

孩子们抬头望去，看到了短而多刺的尖塔直直地挺立在树的顶端。他们还看见了长长的云杉果从枝头悬垂下来。

“云杉果！”珍妮特说，“我喜欢它们，嘻，地上就有一个云杉果。叔叔，它们的种子是不是藏在这些木质的鳞片里头呀？”

“没错，”梅里叔叔说，“它们肯定也是一种翅果。云杉在五月开花，明年五月，你们一定得找一下在今年的嫩芽上孕育生长的花儿。”

“这云杉可真是棵高大的圣诞树啊，”约翰说，“我多希望我们的圣诞节也能来这么一棵，而不是矮小的那种。想想看，这么大的圣诞树上挂满各种玩具和装饰物，在蜡烛的辉映下，那该多带劲儿啊！”

“一定很有趣！”梅里叔叔赞同，“快点儿过来吧，请继续寻找下一种常绿树！”

“我看到了一种常绿植物，但它不是树。”珍妮特指着一处荫蔽处的篱笆说，那儿的常春藤还开着花呢，“叔叔，常春藤一整个冬天都是绿色的，对吗？”

“是的，”叔叔回答道，“非常棒，你找到了另一种常

绿植物，谁能发现下一种呢？”

“那儿有一种，”帕特说，他们正走向一棵高大的绿树，“叔叔，这一定是一种冷杉，不是云杉，因为它的顶部没有尖尖的尖塔形状。”

“但两者的树叶几乎一样。”珍妮特摸着像针一样的短叶说，“叔叔，冷杉的树叶真好玩，不像普通的树叶那样宽阔、平滑。”

“这是一株冷杉[①]。”梅里叔叔说着，指向树干。“它是一棵老树了，”他继续说道，“你们看见它那银灰色的树干了吗？它恐怕得有两三百年的树龄了。”

“天啊！”珍妮特吓了一跳，说道，“叔叔，冷杉真能活到这个岁数吗？”

“噢，它们还能活到四百岁呢！”梅里叔叔说，“树是我们所知最长寿的物种之一，珍妮特，栎树能活好几个世纪呢，远超出你的想象！”

“冷杉的顶端稍微平整一些，不是尖顶。”帕特一边说，一边朝上望去，“另外啊，那儿还有一棵小一点儿的冷杉，顶部长着浓密的树叶。叔叔，这是一种简单地区分云杉与冷杉的办法，是吗？”

---

① 学名欧洲冷杉。

“是的。”梅里叔叔说，“你总结得很好。”

大家离开这棵古老的冷杉，朝着松树林的方向走去。“这儿有很多常绿树，”约翰说，“叔叔，我喜欢松树。噢，那儿有一只灰松鼠！它一定是刚刚醒来。弗格斯，你这只傻狗，追着一只松鼠跑有意义吗？你又不能跟着它往树上爬！”

弗格斯怔怔地站在松鼠爬上去的那棵树下，前爪趴在树干上，大声号叫着。

“它是在告诉梅里叔叔这是一种常绿树，”珍妮特说，低声轻笑着，“它啜泣着说，‘我确信这是松树！’”

“傻瓜！”帕特说。大伙儿都笑了，他们看着那棵大松树。“这棵树也有针形树叶，”帕特继续说，“但比冷杉的树叶要长一些。另外，叔叔，您看，它的松果是小一些的鸡蛋形果实。我猜它们同样也在鳞片里头妥妥地藏好了翅果，是吗？”

“是的。”梅里叔叔回答道，“这棵树叫作赤松①，你们注意到它低一些的树枝已经枯萎了吗？看起来破败不堪的样子。大多数松树看上去都这样。”

---

① 学名欧洲赤松。

自然诗歌

## 冷杉

伊妮德·布莱顿

冷杉，冷杉，笔直挺立，高耸冲天，
我好奇你将去向何处！
什么才是你最大的心愿？
将你的梦想悄悄与我耳语！
是想做一根桅杆，立于美丽的游艇上，
漂流在蓝色的河水中，
还是做一根电线杆，站在热闹的街道，
一整天听着信号交流声嗡嗡？
还是说，你更愿意随我回家里，
在一个圣诞节，迎飞雪飘飘，
转眼间变身一棵圣诞树，
闪耀着光芒，欢愉而美妙。

自然小课堂

## 认识常绿树

常绿树在冬季叶子不落，四季常青，枝繁叶茂，郁郁葱葱，会在一年四季逐步落叶，同时长出新叶。

在热带和亚热带地区的常绿树，叶片宽厚，有椰子树、芒果树、棕榈树等，生长在肥沃的土壤中，雨水充沛，叶子四季常绿。

在温带气候下，夏天炎热，冬天寒冷，生长在这种条件下的植物通常叶片较薄，呈针状，叶面上覆盖着蜡质，不仅耐寒，还能减少水分流失。像松柏、冬青、冷杉就是常绿树。

# 8

# 弗格斯追着兔子跑

大家穿过这片松树林，四处寻觅灰松鼠，但它再也没有出现。大家又来到一片田野，约翰指着路边一棵高高的树木。“一棵红豆杉！”他说，“叔叔，那是一棵常绿树。瞧，它还结满了蜡质的红色浆果，上头有一只歌鸫正忙着吃果子呢。”

“鸟类特别喜欢红豆杉的果子，”梅里叔叔说，“我们必须在早春时节寻找它的花儿，到那时如果敲击一下红豆杉灌木的枝杈，我们将会看到一大片黄色的花粉飘出来。”

“红豆杉的树干是不是很奇怪？”约翰看着微微泛红的树干说，“叔叔，它看起来就像几根树干都挤在一块儿生长，是吗？”

“的确是这样的，”梅里叔叔说，注视着粗壮而凹凸不平的树干，“这是红豆杉的典型特征。约翰，在古时候，红豆杉是一种非常重要的树，长弓主要是用红豆杉制成的，而长弓是我们古代士兵最主要的兵器。”

“它长着针形树叶，和我们之前看到的那些常绿树的叶子一样。”珍妮特说着，触摸着树叶，“叔叔，树叶为什么长这种形状啊，而不是宽大而扁平的？”

“植物通过它们的叶片散发水分，”梅里叔叔说，“它们在冬天可不希望这样，因为此时需要保留自身的水分，于是就生长出这种既窄且薄的树叶，这样表面积小就意味着不会散发太多水分。有时候，植物的叶片会有一层强韧的表皮，比如冬青树，这同样意味着它们不会轻易地散发水分。任何生长在像是荒地和高沼地这种风口位置的植物，都会长出这样狭窄的叶片。你们能想起来哪些植物是这样的吗？”

“我能。帚石南。”约翰迅速回答。

“没错，”梅里叔叔说，“还有荆豆花呢，也有着狭长而带有刺毛的叶片。”

“噢，是的！”孩子们说。他们回忆起了那片奇特的荆豆花灌木丛，树叶上长着尖锐的刺毛。

梅里叔叔指向耸立在田野尽头的一棵大树，它宽大

而扁平的树枝从树干上水平地伸展开来。“你们知道那是什么树吗？”他问道。孩子们都摇摇头。

“这是一棵雪松，”梅里叔叔说，“也是本地区仅存的一棵，你们可以通过那奇特的平铺伸展的树枝认出雪松来。”

“雪松还出现在《圣经》里头呢，”帕特说，“在书中被称作黎巴嫩雪松。原来这就是雪松啊，我一直在好奇这树长什么样呢。”

他们转身往家的方向走去，时间不早了。“外面看起来似乎找不到更多的常绿树了，”珍妮特说，“是不是，叔叔？”

“不一定哦，在花园里头还有两种。不对，还有三种呢，”梅里叔叔说，“待会儿我们回到那儿一定得四处找找看。”

“叔叔，快看，弗格斯绕着那棵树在追着兔子跑呢！”帕特突然喊起来，大家都停下来看。

一只沙褐色的大兔子正绕着一棵大栎树一圈圈地跑着呢，弗格斯正飞奔着尾随它，发出短促而兴奋的吠叫声，要知道它可从未如此近距离地接近过一只兔子！

兔子欢快地绕着栎树蹦蹦跳跳着，它那白色的短尾巴摇晃着，约翰目不转睛地盯着，不自觉又圈住了梅里叔叔的手臂："叔叔，看起来好像并不是弗格斯在追逐着兔子，而是兔子在追逐弗格斯呢！噢，叔叔，这兔子真的在追着弗格斯跑！"

兔子突然蹿进一片荆豆花灌木丛中，踪迹难觅。弗格斯还在那儿一圈又一圈地绕着树跑，因为树干一直挡在它与兔子之间，所以它根本没有觉察到兔子已经消失不见了。过了一会儿，弗格斯才惊讶地停下脚步，咦，兔子去哪儿了？

它稍微嗅了一会儿，就径直奔向欢乐开怀的孩子们，耷拉着尾巴。

"弗格斯！那只兔子刚才是在追赶你呢！"约翰说，"难怪你会沮丧地垂下尾巴！"

"约翰，你真不应该说这种话来羞辱弗格斯！"梅里叔叔眨眨眼说，"没有一只苏格兰犬会承认被任何东西追赶。你刚才差一点儿就抓到兔子了，是不是啊，弗格斯？"

"汪汪。"弗格斯叫着，重新摇起尾巴来，看起来开心点儿了。

"它在说当然是自己在追着兔子啦！"珍妮特说。

这段小插曲就这么结束了，五位漫步者终于又踏上了回家的路。在路上，大家还采集了一些花，但不像前

几次散步采的那么多。他们还看见了成群的鸟儿，发现了一些奇怪的伞菌；看到从一根腐烂的树干上长出的一些菌菇，甚至还发现一只飞蛾在树上休息。梅里叔叔说这是只十一月蛾[①]。

“好奇怪，它非得选择这个月出来活动。”珍妮特惊讶地说。

大家回到家里，走到花园去寻找梅里叔叔提到的三种常绿树，约翰一下子就发现一株。

“这是月桂树。”他指着一棵大灌木的革质绿叶说。

“还有那个是杜鹃花！”约翰说，“好啦，珍妮特，你去找第三种吧。”

然而珍妮特并未找到，约翰和帕特也没找到，于是梅里叔叔只能指给大家看。

“就在那儿啊，”他指向绕着家庭菜园一圈小小的黄杨[②]镶边，说，“黄杨是常绿树，看它那绿色的叶子，这儿只不过是一圈边缘部分，但你们能在其他地方发现它的灌木丛或是一棵高大的树，整个冬天里它都保留着绿色的叶子。”

---

① 原文november moth，无标准中文译名，拉丁学名Epirrita dilutata。

② 学名锦熟黄杨。

“所有这花园里的三种常绿树都有粗糙和革质的叶片，”约翰触摸着这些叶子说，“叔叔，这是为了防止植物流失过多水分吗？”

“没错，”梅里叔叔说，“约翰，你说得很好。现在该走了，弗格斯，我们必须回屋里干活儿去了。再见吧，孩子们，我们将在圣诞节前再去走一遭，怎么样？另外提醒一下，我们都别忘了鸟食平台哦！”

“好的，我们不会忘的！”孩子们说，“叔叔，再见了，回头见！”

自然小课堂

## 如何区分欧洲云杉和欧洲冷杉？

有很多人将欧洲云杉与欧洲冷杉混淆起来。欧洲冷杉比欧洲云杉要葱郁一些，同时也没有云杉那种长矛似的尖顶，即树的顶端不像云杉那样有一个尖状物。欧洲冷杉的顶端是枝叶茂盛的。

冷杉的树叶围绕着细枝单独生长，但是它们喜欢长在一边——朝向左边或右边，因此看起来就像是有人拿梳子给树叶梳了个头，形成精致整齐的分界线。在暗绿色的叶子上有一条银白色的线，这也正是“silver fir”（欧洲冷杉）名字的由来。

冷杉有两类花：雄花和雌花，和云杉的花儿一样，它们也将变成球果。冷杉的球果不像云杉的球果下垂的样子，而是挺直地立于枝头。

成熟的冷杉球果看起来有点儿毛茸茸的，因为其鳞片的末端有着尖锐、反向弯曲的尖头。它们开始时是绿色的，逐渐变为紫色，然后是褐红色。种子藏在鳞片里头，当成熟时，就能乘着果翅去飞翔。

# 十二月自然散步

在梅里叔叔与大家道晚安时，孩子们纷纷上前拥抱他。

“我们度过了多么愉快的一年呀！”珍妮特说，“叔叔，这一切都是您的功劳。我们学会了去认识并热爱千万种不同的事物，现在我们才刚起步，今后我们还会继续。”

“没错。”约翰害羞地说，“叔叔，您给我们最大的礼物就是开启野外观察大门的钥匙。”

“这话说得太美妙了！”梅里叔叔说着，拥抱了一下小男孩，“好啦，关于钥匙我想说的是，一旦你拥有了这把钥匙，请千万不要失去它！晚安！”

9

# 猜树的名字

“十二月喽，不久就要到圣诞节啦！”珍妮特看着日历说。

“哇，好开心！”约翰说，脑海里浮现出圣诞袜、圣诞树，还有圣诞布丁[①]的画面。

“冬天真的来了，”帕特说着，从窗口望出去，“天空灰蒙蒙的，除了常绿树之外的树木都是光秃秃的，整个乡间田野看起来是如此暗淡阴郁、枯燥乏味。恐怕就连梅里叔叔也找不出多少激动人心的东西吧。”

“这一年，我们每个月都要一起散步两回，”约翰说，

① 是在圣诞节吃的一种食品，用面粉、牛奶、鸡蛋、水果等制成。——编辑注

“我特别喜欢这个活动，学到了太多从前不知道的知识。”

“我已经在脑海里存储了许多珍贵的画面。”珍妮特说，“约翰，你还记得金灿灿的毛茛地吗？还有在椴树丛里嗡嗡飞翔的蜜蜂？”

“是的，我都牢牢记着呢。”约翰说，“我还记得蓝色的翠鸟俯冲到小溪里，可爱的燕子翱翔在蓝天的情景。”

“我记得上个月弗格斯被一只兔子追着尾巴跑。”帕特偷笑道。但珍妮特和约翰立马反应迅速地为弗格斯辩护。

“帕特，那兔子才没有追赶弗格斯呢，它们一起绕着那棵栎树一圈圈地跑呀跑，是弗格斯在追赶兔子，你知道事实如此！”

“我早该料到会是这场面！”梅里叔叔的声音传了过来，他和脚边的弗格斯一起步入房间，“你们准备好去散步了吗？我在圣诞节前得出趟门，所以我可能只有今天能带你们出去走走，我们下一次散步恐怕得在圣诞节当天了。”

“噢，叔叔，这样就很不错啊！”珍妮特说，“叔叔，妈妈问您能过来一起吃圣诞大餐吗？我们都很希望您能来。”

“谢谢你们，”梅里叔叔说，“我自然是乐意受邀，可是弗格斯也被邀请了吗？”

“当然啦！”约翰说，他跪在弗格斯身边，抱了抱它，“实际上，叔叔，我们是想邀请弗格斯来过圣诞节，只是因为它离不开您，我们才不得不把您也请来！”约翰说话时闪过一丝狡黠的眼神。梅里叔叔“气得”在游戏室里追赶着他。

“好了，好了，孩子们，”妈妈说着，身影出现在门口，“说真的，梅里迪斯先生，您跟孩子一样顽皮！您是过来带他们去散步的吗？”

“当然啦！”梅里叔叔说，“我就纳闷了，他们为什么这么拖拉，迟迟未准备妥当！”

弗格斯屁颠儿屁颠儿地过去帮着孩子们做准备，接着大家就全都走出前门，步入那条熟悉的小路。这是个天寒地冻的日子，他们身上都穿着厚厚的外套，围着围巾。“弗格斯是否也想要一件外套呢？”珍妮特问道，“叔叔，我见过一些狗狗也穿着外套。”

“它才不需要呢。”叔叔一笑而过，“动物们会为了适应寒冷的冬季长出厚厚的毛发，当春天来临，我一定会给它剪短毛发的，不然他就会觉得太热了。不止狗这样，马也会在冬天长出长毛来的。”

“动物们似乎为迎接冬天都能准备得妥妥当当的，对

不对？”约翰说着，想起松鼠是怎么储存坚果和栎子的，还有睡鼠是如何把自己养得肥肥的并蜷缩在一个舒适的洞里的，“叔叔，我估计，这会儿几乎所有的冬眠动物都已经睡下了吧？”

“全都睡了，”梅里叔叔说，“蝙蝠在空心的树上或谷仓里把自己倒吊起来；蛇在某个地方蜷缩成一团；睡鼠和刺猬则睡在自己的洞中；獾安稳地和家人一起待在巢穴之中；青蛙在池塘里，而蟾蜍在大石头下面；蜗牛互相黏着在假山那儿或是墙后头；成千上万的昆虫睡得很熟，你甚至会认为它们死了。”

“噢！叔叔，瞧，已经有榛树柔荑花序了！”约翰喜悦地叫喊道，他指着附近榛树篱笆上一些已经顽强地生长出来的短小的绿色柔荑花序，“它们似乎通过这种方式将春天带到我们身边了呢！”

“是的，能在十二月看到它们的确是件美妙的事。”梅里叔叔说，“我总是很喜欢现在光秃秃的树，就像喜欢它们在春天时那片盎然的绿意一样。你们现在就能看见树木美丽的形状了，而哪怕只能在空中看到最细小的嫩枝轮廓，都会让人赏心悦目。”

“以前我从未觉得嫩枝是美丽的，但现在想法不同了。”珍妮特望着尖锐的水青冈嫩枝若有所思地说，“叔

刺猬与蛇

獾与青蛙

叔，水青冈的嫩枝好锋利，我在接触它的尖端时手被刺得很痛。”

“是的，你能依据那尖锐而瘦削的叶芽一眼认出水青冈的嫩枝来。”梅里叔叔说，“而你们能认得出七叶树是因为它们的叶芽是……”

“肥大的、黏黏的！”大家异口同声地说。

“没错，”梅里叔叔大笑道，“再来看看，观察一下梣树的嫩芽，那些生长在笔直的叶茎上，黑漆漆的、轮廓明显的坚硬叶芽。”

“我还是更喜欢栎树的细枝，”帕特说着，看着栎树那一簇簇不齐整的零星地长着的嫩芽，“我喜欢栎树嫩芽的生长方式，一副杂乱无章的样子，没有固定的式样或整齐的排列方式。瞧，叔叔，那儿是栎瘿，您还记得我曾经拿了一个给您，还说这跟栎子一样都是栎树的果实吗？”

“是啊，我记得，”梅里叔叔说，“帕特，没事的，这是个很多人都会犯的错误。”

孩子们对于通过光秃秃的细枝和树干，来猜树木的名字这件事乐在其中。桦树很容易认出来，因为它有着孩子们喜欢的银灰色树皮，还有在风中摇曳的优雅轻柔的细枝。

“篱笆上依然有许多浆果留给鸟儿们，”约翰说，“叔叔，看呀，野蔷薇果和山楂果，就连接骨木浆果都有。”

“我们要不要采摘一些？”梅里叔叔说，“如果我们有一个鸟食平台的话，就可以把细枝钉在台子的背后，作为鸟儿的歇脚处，然后还可以把一枝枝浆果系在细枝上。”

“哇，好啊。”孩子们说，便开始收集浆果。他们还发现了一些女贞果，长在农场花园周围的女贞篱笆上。梅里叔叔确信农民们不会介意他们拿走一些浆果的。

“我风干了一些花楸树浆果，”他说，“等我们的鸟食平台搭好后，我就将它们浸泡在水中，鸟儿也很喜欢这些东西。”

秃鼻乌鸦和寒鸦仍在田野里溜达，凤头麦鸡也在附近站着，还有几只白翅海鸥在高空中翱翔。

“它们是从海边来到内陆地区的，”梅里叔叔说，“每一年，它们似乎都比前一年要更加深入农村一些。在伦敦，每年都有数千只海鸥沿着泰晤士河飞翔，不排除也有一只都看不见的时候。鸟类、兽类也会像我们人类一样改变自己的习性和习惯。”

自然小课堂

## 冬眠的秘密

在十二月的第一次散步中，约翰问梅里叔叔，是不是所有的冬眠动物都进入了冬眠状态？梅里叔叔说，它们全都睡下了，还列举了一些冬眠的动物。对于冬眠，你了解多少呢？

### 动物为什么要冬眠？

进入冬季，很多植物的叶子落光了，厚厚的积雪覆盖着地面，食物匮乏，很多地方不再适合动物居住。这时，有些动物就进入蛰伏状态，沉沉地睡去，直到来年春天醒来。有些地方的夏季也非常难熬，动物不得不进入“夏眠”。动物冬眠持续的时间较长，短则几周，长的达到几个月。冬眠是动物面对恶劣的环境，采取的一种生存策略。冬眠的动物，有熊、蛇、老鼠、松鼠、睡鼠、土拨鼠、蝙蝠、蟾蜍、青蛙、乌龟，等等。而在冬天依然活蹦乱跳的动物，有兔子、狐狸、鹿，等等。

## 冬眠是睡觉吗？

冬眠不是睡觉。冬眠时动物的呼吸、体温、心跳等都降到极低的水平，新陈代谢非常缓慢，这与睡觉中的动物表现完全不同。比如，睡觉中的鱼，即使身体静止不动，鳃也会轻轻开合扇动。而冬眠中的鱼，除了身体不动外，鳃也几乎不动。

另外，冬眠的动物并不是所有的时间都在睡觉，而是不时醒来一会儿，然后再继续睡觉。

## 冬眠的动物如何存活下来？

在夏天，冬眠的动物开始增肥，来达到储备能量的目的。而且，它们会用草和树叶覆盖洞穴，给自己布置一个温暖而舒适的家。等寒冬来临，它们便进入蛰伏状态，心跳减缓，体温下降，呼吸变慢。比如，松鼠通常每分钟呼吸 150 次，心跳每分钟 250 次；而冬眠期它每分钟呼吸 4 次，心跳为 15 次。冬眠的动物，只消耗很少的能量，即便长时间不进食也能生存下来。

## 冬眠时，为什么要把身体蜷缩起来？

动物们为冬眠做好了准备，就会把身体蜷成一个球，让自己舒舒服服的。其实，当我们觉得冷的时候，也是这样蜷缩在床上的。把身体蜷起来能减少身体暴露的面积，这样就能减少热量损失，会感到更加温暖。

## 鸟类冬眠吗？

因为鸟类可以通过迁徙到温暖的地方来避寒，所以几乎不需要冬眠。然而在 1949 年，美国生物学家埃德蒙·杰戈尔发现了鸟类中的弱夜鹰，也叫北美小夜鹰，会进行冬眠。这是目前发现的唯一一种真正冬眠的鸟类。当冬季到来，它们会在岩石缝隙或腐木洞穴中躲起来，进行长达五个月的冬眠。

## 鱼类冬眠吗？

因为水里的温度不会太冷，所以绝大多数鱼类都不冬眠，只是减少了活动，“睡”得多一些。有些鱼是会冬眠的，像鲤鱼、鳗鲡（mán lí）、乌鳢（lǐ）。

10

# 搜集圣诞节装饰物

“叔叔，我们得带点儿冬青树果子和槲寄生回家用作圣诞节装饰物吧，对不对？”帕特很急切地说，“周围实在是有太多冬青树了，而且每一棵都长满了果子。”

“没错，你们会找到很多的，”梅里叔叔说，“这儿有个漂亮的东西，你们记得曾经在春天看见过白色的冬青树花吧。”

孩子们都点了点头。“为什么它的树叶如此多刺？”约翰问道，他摸着一片树叶的边缘，“我只知道它们为什么会这么光滑而强韧，是为了防止叶片在冬天散发出去太多水分，叔叔，对吗？”

“是的。”梅里叔叔说，“好啦，约翰，我想你应该知道植物长出那些刺和刺猬身披铠甲是出于同一个道理，就是把那些可能吃掉自己的天敌拒之门外！”

“噢，原来如此，可不是嘛。”约翰说着，抬头看了看树的顶部，注意到那儿的树叶只长有很少芒刺或是一点儿刺都没有。他心想：我估计树顶的叶子不长刺，是因为动物一般都够不着那么高。树木好聪明呀！它们似乎什么事都想到了！

“叔叔，我估计不会有毛毛虫能以这么坚韧的树叶为食吧，是不是？”珍妮特摘下一片叶子，问道。

“那冬青琉璃灰蝶怎么说？”帕特马上问道。

“真棒！”梅里叔叔轻轻拍了帕特一下说，“冬青琉璃灰蝶的毛毛虫正是以这种坚硬的冬青树叶为食的，给你打一个高分！”

“叔叔，您没办法跟我们一起去割下冬青树的果子作为装饰了，是不是？”珍妮特说，“您要出门了，我们只能自个儿来。放心，我们会小心翼翼的，不破坏任何一棵树。”

“叔叔，我们该去哪儿找槲（hú）寄生呢？”帕特问道。

“我会领你们去找棵树，那儿的槲寄生长的位置不是很高，”梅里叔叔说，“你们知道吗？实际上并不存在真正的槲寄生树或灌木丛，它生长在其他树上，也就是我们所谓的半寄生植物，因为它从其他植物那里获取部分食物。”

梅里叔叔把孩子们带到了一丛黑杨树伫立的地方，许多簇厚大的槲寄生长在黑杨树的树枝上。杨树旁有一棵栎树，在一根结实的枝杈上也长着一大簇槲寄生。

“栎树还是挺容易爬上去的，”梅里叔叔对帕特说，“等快到圣诞节时，你可以从那一大簇槲寄生上面找一束好看的，割下来带回家。”

“噢，好的，”帕特说着，眼睛迅速地扫视，想看看自己到时候应该如何最安全又迅速地爬上这棵栎树，“叔叔，这些槲寄生是怎么长在栎树或者其他树上面的啊？它一开始是怎么到这些树上去的呢？”

“是槲鸫放那儿的。”梅里叔叔说，看见三个小朋友大吃一惊的表情时，微微一笑，“这也正是这鸟儿被称为槲鸫的原因，因为它实在是太喜欢槲寄生浆果了。”

“那它是如何种下槲寄生的呢？”约翰问道。

“这么说吧，槲寄生果子黏性很强，”梅里叔叔说，“槲鸫饱餐一顿浆果后，马上就需要清理自己的嘴巴，于是它就在树干上小心地蹭蹭自己的嘴，顺便也就留下了一两颗槲寄生黏黏的种子。这些种子经过三五年萌发，生长出吸根，这些吸根能刺穿树皮直抵树的汁液中。”

“然后，槲寄生就汲取树汁液里的营养并生存下去！”珍妮特说，“真是狡诈啊！”

“简直是诡计多端。”梅里叔叔说，“一旦长出了几条吸根来汲取汁液，它就会生长出一对灰绿色的叶子。槲寄生绝对不会像普通植物那样长出宜人的嫩绿色树叶来，我估计你们都已经注意到了。它跟很多寄生植物一样，叶子的色调是暗淡无光的。”

“它让别人来为自己做事，”约翰说，“我认为这是一株很不厚道的植物。如果我变成一棵植物的话，我会做好自己该做的事，而不是依靠别人过活。”

“有道理也有志气！”梅里叔叔说，“我希望你能永远保持这种心态。”

“槲寄生会开花吗？”珍妮特问。

“当然啦，”梅里叔叔说，“记得春天到来时找找它们吧。同时也别忘了仔细查看一下它那珍珠般的浆果，看看里面究竟有多黏，也寻找一下里面仅有的一颗种子。但绝对不要吃冬青树或槲寄生的果子，尽管鸟儿吃得欢而且安然无恙，但你们吃了的话绝对会病得不轻！”

孩子们转身回家之前在槲寄生的位置做了个记号，这样一来，如果他们想在圣诞节前出门搜集所需要的装饰物时，就不会找不到地方。

“我们也要为装饰梅里叔叔的房屋准备足够的物品，”珍妮特低声对帕特说，“我们还要将他的书房装饰一新，他一定会喜欢的。”

尽管现在是十二月，但孩子们还是能够找到一些花。寻常的有千里光、繁缕、牧羊人的钱包，而不寻常的则有异株蝇子草和一株极小的蒲公英，它的金色头状花序没有长花梗。

“它实在是太害怕霜冻了，所以都不敢长出花梗来，”珍妮特说，“所以我不能摘下它。叔叔，我们终究还是在单调乏味的十二月里找到花了呀！”

“我们以后还会再去探寻圣诞玫瑰的，”梅里叔叔说，“在我们进屋之前，只是去稍微瞄一眼。你们还记得一月份那次绕着花园散步时，我们发现这花了吗？真是好久不见了！”

大家走进大门，在花园里绕了一圈，看看哪儿有圣诞玫瑰的倩影。他们发现了一些粗壮的圣诞玫瑰蓓蕾在坚硬的地面上探出头来。

“它们会在圣诞节盛开的，”梅里叔叔说，“多好啊！到时候我们就能送给你们的妈妈一束来自花园里的花。”

在他们走上花园台阶准备进屋时，孩子们听到了愤怒的鸣啭声，看见两只知更鸟狠狠地互相厮打，它们落到地面上，都发出生气的鸣叫声，用各自的翅膀去攻击对方，用锋利的鸟喙猛烈地互啄。

“哇！叔叔，看呀，它们为什么要争斗啊？”珍妮特略显忧虑地问道，“我不喜欢这样，它们不应该这样！”

梅里叔叔哈哈大笑。“这种打闹不会造成多大的伤害，”他说，“你们瞧，除了我们偶尔撒点儿面包屑外，知更鸟在冬天主要以昆虫为食，而你们都知道眼下并没有多少昆虫可供它们捕食。于是啊，每一只知更鸟都希望拥有自己的独立小王国，作为自己小小的游猎之地，不允许其他知更鸟侵入。”

“好有意思啊！”珍妮特说，“叔叔，那我估计其中一只知更鸟把我们家的花园钦点为它的冬季王国了，然后就跟那只外来入侵的知更鸟争斗了起来。我猜是您那边的知更鸟在偷偷入侵呢！”

其中一只知更鸟飞走了，确切地说应该是落荒而逃。它飞进梅里叔叔的花园，不屑一顾地鸣啭着，接着就消失不见了。

“没错，我也认为我的花园是另一只鸟的领地，”梅里叔叔说，“那我真得为它的行为道歉。弗格斯，我打心底里相信你是永远也不会做出这种举动来的！”

弗格斯气喘吁吁地摇着自己的尾巴。“它在说‘亏你怎么想得出来这种事情！’”珍妮特大笑着说，“再见，梅里叔叔，圣诞节期间见啦。您会回来过圣诞节的，对吧？”

“一定会的。”梅里叔叔说着，从花园的围墙上一跃而过，稳稳地落在自己的花园里，“另外请记住喽，大可不必非得等我来带着你们去散步，你们也可以自己去走走啊，等我返回时，告诉我你们都发现了些什么。”

“我们会的。”孩子们答应道，跑回室内，高兴地看到游戏室的壁炉里那一大团闪耀的火焰似乎在跳着一支欢迎他们回来的舞蹈。

自然小课堂

## 树的坏朋友和好伙伴

### 树的坏朋友

在散步时，梅里叔叔给孩子们讲解了槲寄生这种寄生植物的特点。由此，我们知道寄生植物的根会侵入树皮内，吸取树的养分和水分，对树的生命造成严重的威胁，是树的坏朋友。常见的寄生植物，除了槲寄生，还有水晶兰、大王花、菟（tù）丝子、桑寄生等。

另外，寄生在树皮和树叶上的小蠹虫，当它们数量多时，也会使树生病呢，也是树的坏朋友。

### 树的好伙伴

并不是所有以树为家的植物都是树的坏朋友，有些居住在树上的植物，只是附着在树干上，自身可以进行光合作用，不从所附着的树上吸取营养和水分，对树本身不造成伤害。这些植物叫作“附生植物”，有苔藓类、地衣、一些蕨类和兰科植物等。

另外，松鼠、啄木鸟、树栖蚁等生物，也以树为家，或在树上筑巢做窝，或住在树洞里，或在树叶上产卵。在不同的季节里，你能观察到树的不同好伙伴们。

11

# 欢度圣诞节

圣诞节前，孩子们一起出门，砍下了冬青树的树枝，枝头还有鲜红色的浆果，还从栎树上割下来一大簇槲寄生。他们带着这些回家，肩头扛着冬青树枝的样子，看起来好像圣诞贺卡上的孩子们。

他们也将梅里叔叔的书房装点了一下，让房间显得鲜艳亮丽，有节日的氛围。每个孩子都给梅里叔叔准备了礼物，他们用鲜艳的彩纸把礼物包装起来，写上爱意浓浓的祝福语，放在梅里叔叔的桌子上面。他要到平安夜才会回来。

“我希望他能喜欢我买的新手杖，”帕特说，“我可是精挑细选的。这根手杖有着弯钩形手柄，可以用它把带有柔荑花序的枝杈或是类似的东西拉扯下来。”

“我在一块白手帕上绣了个精美的代表‘梅里’的首字母‘M’，这可耗尽了我的心血。”珍妮特说。

“你根本用不着再次告诉我们，”帕特说，“我们见你忙活这事前后得有三个礼拜了吧！”

“我觉得自己准备的礼物很普通，真的，”约翰有些不好意思地说着，想着其他人都给梅里叔叔准备了十分精美的礼物，“我只不过是给他准备了一本新的笔记本和一支削得很尖的铅笔。这本子是让他记录鸟儿相关笔记的，我看见他自己的笔记本已经很旧而且都快记满了。”

“他会喜欢你在封面上画的鸟儿的。”珍妮特评价道，“你画得很美，仿佛是我们在小溪边看到过的那只翠鸟跃然纸上。”

等孩子们返回他们的屋子时，天色已晚。妈妈见到孩子们时，看上去有些难过。

“孩子们，圣诞树还没来呢！你们知道的，他们之前送来的那棵太小了，我就退货了。那个蔬菜水果店答应我会寄另一棵过来的，但是现在却跟我说他们已经卖光了。”

这确实是一个令人悲伤的消息。没有圣诞树！噢，天啊，好遗憾啊！妈妈也很伤心，她满心期待着晚上等孩子们睡觉后，为圣诞树装点上各种鲜艳夺目的装饰物和蜡烛。

“没关系，”珍妮特说，“我们可以等圣诞节后买一棵，然后再好好布置一番。”

圣诞节的早晨露出耀眼的曙光，男孩子们都想不通为什么他们的卧室会闪耀着令人目眩的白光，但珍妮特马上就将原因告诉他们啦！

“昨晚下雪了！噢，过来看呀，帕特、约翰！处处都积起了厚厚的白雪！”

乡野之间银装素裹，美不胜收。花园是如此宁静，万物在迷人的皑皑白雪覆盖下一派温婉柔和的景象，孩子们激动极了。

“这才是圣诞节正确的打开方式！”他们说着，飞奔过去看圣诞袜里藏着什么礼物。听到孩子们吵吵嚷嚷的声音，妈妈都忍不住过来跟他们同享欢乐时光。

“多令人激动呀！”她说，“你们都喜欢各自的礼物吗？”

“哇，喜欢！”孩子们喊了起来，纷纷跑过去给妈妈一个大大的拥抱。

“昨天夜里，在你们上床之后，梅里叔叔来过。”妈妈说，“他终于回来啦，当得知我们没有圣诞树时很伤心。他会在早餐后给你们每个人带份礼物过来。”

“哇，好开心！”珍妮特说，“噢，妈妈，我把给弗格斯的礼物搁哪儿啦？是一个特别漂亮的颈圈，一圈格子花纹，最适合苏格兰犬啦！”

她很快就找到了；约翰也找到了自己给弗格斯的礼物——一根巨大的骨头；帕特则给它准备了一个用来喝水的碗，上面刻着个“狗”字。“这样一来，猫咪就会知道这碗不是给自己的。”约翰看见这碗时，说道。这话让其他人都大笑起来。

“我猜你大概认为猫咪能识字？”珍妮特说。

早餐过后，梅里叔叔和弗格斯摇摇晃晃地步入花园，身上扛着重重的东西！他一边肩头扛着的是一棵完美的漂亮圣诞树，而另一边则是一个长着粗腿的有趣玩意儿。

“圣诞快乐，圣诞快乐！”大伙儿大声祝愿道，弗格斯也配合着“汪汪”叫，好像也在吼着圣诞祝福呢！

“今天早上，我在家里花园给你们挖出来一棵精美的小圣诞树，”梅里叔叔气喘吁吁地说，“这虽然是件苦差事，但我可无法想象你们这三个小可爱要度过一个没有圣诞树的圣诞节！”

“噢，谢谢您，梅里叔叔！”孩子们激动地叫嚷道，“这可真是棵挺拔的好树！等我们圣诞节用完之后就物归原主，把它种回您的花园里。”

大家把云杉装在一个大桶里，竖立在门厅，准备去装饰。接着，梅里叔叔领着孩子们出门来到花园，看看他为孩子们制作的礼物。

“这礼物是给你们大家的，”他说，“我希望这能给你们今后的日子带去许多快乐，这就是我承诺送给你们的鸟食平台！”

“哇，好可爱！”珍妮特说，观察着由一条长桌腿支撑着的坚固平台，“叔叔，这个平台好大好精致啊。哇，我真是迫不及待地想看到鸟儿停在上头的画面！”

大家在地上挖了个洞用来插桌腿，梅里叔叔把平台插在里头。鸟食平台牢固地立在土里，高度刚好让猫咪即使跳起来也够不着，弗格斯埋怨地嘟囔着，尽全力靠着杆子站起来，但远远够不到看见桌面的高度。它此刻已经戴上了崭新的颈圈，可自豪啦；一会儿从新碗里喝口水，一会儿又啃一口大骨头，可把它乐坏了；它还仔细地瞧了瞧刻在碗上的“狗”字，约翰确信弗格斯能看懂这个字！

梅里叔叔收到孩子们送的可爱礼物也非常开心，他把珍妮特送的手帕别在胸前口袋内，直接把约翰赠送的笔记本塞进了衣服的内侧口袋里。“正是我想要的，”他说，“至于帕特送的手杖嘛，我今天下午怎么着也得拿出来用用。”

大家把细枝钉在了鸟食平台的背面，并将几簇野蔷薇果和山楂果紧紧地绑在细枝上，而在桌面上撒下一些梅里叔叔买来或收集来的其他浆果和种子。

“我们还会买点儿花生用来吸引山雀，用根绳子穿过花生壳把花生串起来。”梅里叔叔说，“我还在考虑，我们能不能留下一两个烹制好的带皮土豆放在上头，鸟儿可喜欢这些东西啦。”

不一会儿，鸟食平台上就撒满了琳琅满目的各种食物，却没有一只鸟儿飞落在上头，孩子们失望极了。他们坐在窗口，大声咀嚼着巧克力棒，这可是弗格斯送的圣诞礼物呢。

珍妮特突然发出一声尖叫：“梅里叔叔！那儿有一只麻雀！我相信它一定会飞到鸟食平台上去的！”

这只好奇的褐色小鸟立在附近的枝头上，竖起头来侧向一边，注视着铺开的桌面。这是什么玩意儿？它要飞下去瞧瞧。

小鸟飞落到鸟食平台上，开始啄食煮熟的土豆。紧接着，另一只麻雀也飞落下来，又有一只也飞来了。

知更鸟飞落到钉在鸟食平台背面的细枝上，正伺机飞到桌面上去。它想满满地啄上几口食物就飞回来，它才不想跟聒噪的麻雀们共同进食呢。

接下来，一只长着斑纹的大歌鸫也来了，同行的还有乌鸫。它们俩一边贪婪地啄食着土豆，一边攻击着麻雀想要吓跑它们。

一只苍头燕雀也来了，紧随其后的是一只蓝山雀。孩子们观赏着这一切，兴奋得手舞足蹈。“哇，梅里叔叔，”约翰说，“这可真是您送给我们最豪华的一件礼物！我们每天都会很愉快地观察这鸟食平台的。”

“你们也得在平台上放碗水，”梅里叔叔说，“鸟类在冬天承受着干渴带来的巨大痛苦。当然喽，放在外面的水会结冰，所以你们每天早上都要换一次水，鸟儿很快就会养成习惯，当你们换上水之后它们就会来喝上一口。”

自然小课堂

## 欧洲云杉

很多小朋友在婴幼儿阶段都认识欧洲云杉，因为这可是“圣诞树”，孩子们对它挂满各种装饰品、金属装饰线、蜡烛和礼物的样子再熟悉不过了。

这是一种高大、挺直的树，因为它那长矛一般的尖顶极易辨识。这种尖顶在每棵欧洲云杉树顶上都能看得到。

它的树叶是平展的，短而坚硬，如果我们把手紧靠着树叶，将会发现它们非常扎人。树叶紧密地绕着每根细枝单独生长。

云杉有两种花：雄花和雌花。如果在去年的旧细枝末端能寻见雄花，它们是小小的柔荑花序，粉黄色的椭圆形状；那么在今年的细枝末端则能找到雌花，它们是红色的锥状物。

云杉的果实是薄如纸般的球果，长 6 英寸，当成熟时会悬垂在枝头，在球果鳞片的里头藏着带翅的种子。

# 12 猜猜雪地上的脚印是谁留下的?

圣诞大餐洋溢着欢乐的气氛，充满了乐趣，那巨无霸的火鸡，那点燃的圣诞布丁端上桌时散发出的明亮火焰。梅里叔叔能一起来吃，大家都很高兴，而弗格斯呢，这简直是它“狗”生中最欢快的一刻。只见它蹲坐在桌子底下，倚靠在约翰的腿边，迫不及待地把约翰扔下来的一口口美食尽收腹中。

“你不是在逗我吧，约翰！”妈妈惊讶地说，当小男孩想再要一份火鸡时，“我从不知道你能吃这么多！”

餐后，大家戴上帽子，穿上外套出门散步去了。他们先去搜寻白雪覆盖下的圣诞玫瑰，一共找出了五枝，都掩藏在厚厚的雪毯子里。能见着花儿真是令人愉悦，约翰马上跑进屋里把它们送给了妈妈。

“今天我们再也不会在乡间看见什么花儿了吧？”帕特说道，他们艰难地在积雪的小路上跋涉，“我甚至怀疑我们还能不能看见其他任何东西，是不是啊，叔叔，除了几只鸟以外？今天肯定不会有小动物在外面吧！”

尽管他们没有见着一只小动物，连只兔子都没有，但是看见了许多动物曾经逗留的踪迹。积雪使它们的足迹十分清晰地显现出来，他们中依然还是约翰第一个注意到这件事。

“叔叔，您瞧，”他说，“这是不是兔子的足迹呢？那些圆形的痕迹是它的前爪，而长一点儿的是它那强壮的后肢踏雪留下的痕迹。”

“是的，”梅里叔叔说，“你们在这里能发现许多兔子的足迹。如果冰雪持续覆盖的话，兔子们会跑出来啃食常春藤的茎皮，因为它们平时吃的青草会被雪掩藏起来。”

在池塘边，孩子们在雪地里发现了蹼足的痕迹。“鸭子，”珍妮特立即说道，“看呀，叔叔，我们能轻易分辨出这脚印是出自行走的鸟，还是蹦跳的鸟，对吗？”

“你怎么看得出来？”帕特问，看着地上的脚印。

“因为蹦蹦跳跳的鸟的双脚足印会并排在一起；而行走的鸟则是一个脚印一个脚印轮流出现，跟我们人类一样。”珍妮特说，“我原本以为你也猜得到呢，笨蛋！”

大家仔细检查着所有看到的脚印，这还真是一种激动人心的体验呢。他们看见雉[①]曾栖息过的地方，那儿留下了它们尾巴的痕迹；还发现了一处白鼬追逐一头受惊的兔子的痕迹，它那整齐的小圆点标记与奔逃的兔子的足迹混杂在一起。

“这是什么，是狗的，还是猫的？”珍妮特问，指向积雪的小山坡上的一排足迹，梅里叔叔摇了摇头。

“不是猫，因为当它走路时会收起自己的爪子，但你们能在这儿看见清晰的爪痕；”叔叔说，“也不是狗，因为你们能看见零星散布的尾巴扫过的痕迹，还是挺大的尾巴哦！”

孩子们盯着雪地里的脚印仔细看，约翰突然猜到了这些脚印的主人。“是狐狸，一定是，”他说，“叔叔，对吗？一只狐狸！它站在山坡这里，注视着玩耍中的兔子们，它的尾巴拂过身后的雪地。叔叔，这些足迹的背后可能藏着个惊心动魄的故事呢！”

“可不是嘛。”梅里叔叔同意约翰的说法，“你好啊，弗格斯！你是不是认为到了该回家的时候了？可怜的老

---

① 学名环颈雉。

雌狐和幼狐们

伙计，在雪里踉跄前行，你的小短腿没过多久就觉得疲惫了，是不是啊？”

“它也会留下很精彩的脚印呢，”约翰说，“瞧，这印痕好深啊！它在雪地上把自己的爪子勾勒得美美的。好啦，弗格斯，我们回家去吃下午茶吧。”

弗格斯可开心了，它并不是那种适应雪地行走的动物，在雪里跋涉对它来说实在太辛苦，因为那厚厚的积雪都快到它身体那么高了。它激动地摇着尾巴转身回家，特别急于回到约翰给它的那根美味骨头边上！

“我这会儿算是看清了常绿树是怎么承受积雪的。”在他们回家的路上，珍妮特说，“叔叔，看看那株冷杉，它的一根主枝都快被压折了。”

“而那些掉光树叶的其他树，几乎不见任何积雪。”帕特说，“雪都滑落到地上了。”

不一会儿，他们就到家了，抖掉靴子上的积雪，步入屋内。进屋后，映入眼帘的正是梅里叔叔带给他们的那棵圣诞树，在他们散步的时候，妈妈已经把门厅里的这棵圣诞树装饰一新，简直太美了！

“哇，妈妈！我们能把蜡烛点亮吗？”珍妮特叫出声来，“噢，这些装饰物真闪亮啊，还有您撒满枝头的那些糖霜！”

梅里叔叔燃起了蜡烛，这棵小杉树瞬间变身为一棵魔法树，在门厅里浑身上下闪耀着柔柔的光芒，真是一处曼妙的风景。树顶的仙女娃娃俯视着孩子们，弗格斯满怀憧憬地仰望着圣诞树，它见识过不少树木，但从未见过一株长着燃烧的蜡烛和闪耀的装饰品的树！

圣诞节快要结束了，梅里叔叔与大家道晚安时，孩子们纷纷上前拥抱他。

“我们度过了多么愉快的一年呀！”珍妮特说，“叔叔，这一切都是您的功劳。我们学会了去认识并热爱千万种不同的事物，现在我们才刚起步，今后我们还会继续。”

“没错。”约翰害羞地说，“叔叔，您给我们最大的礼物就是开启野外观察大门的钥匙。”

“这话说得太美妙了！”梅里叔叔说着，拥抱了一下小男孩，“好啦，关于钥匙我想说的是，一旦你拥有了这把钥匙，请千万不要失去它！晚安！”

“汪汪！”弗格斯叫着，跟随主人的脚步走进屋前的花园，消失在黑暗中。

“它也在说‘晚安好梦’呢，”珍妮特翻译道，“同样的祝福也送给你哦，弗格斯，晚安。梅里叔叔，晚安！”

自然小课堂

## 12月的自然探索

12月是一年的最后一个月，天气严寒，寒风拂面像刀割一样，树木凋零，河面结了厚厚一层冰，经常会降一场雪。这个月，我们大部分的时间都是待在室内，与大自然接触的时间很少。然而，你可能没想到，寒冷的冬天，走进冰雪世界，正是探索自然的最佳时机。

### 寻宝游戏

出门走走，可以邀请家人或朋友一起，在冬日里玩寻宝游戏。看看你们能在大自然中发现多少种不同的颜色，用心倾听你们的周围有些什么声响，张大鼻孔去闻周围有哪些气味，睁大眼睛发现万物的形状。坚持一周后，将各自的发现汇总起来，看看谁发现的自然现象最多？

## 和家人一起探索

可以和家人一起探索，动物们都去哪儿了？鸟儿和动物们都会在什么地方躲避风雪？它们吃什么？树木是怎样在冰天雪地中存活下来的？

## 冬季观鸟

天气越寒冷，反而为观鸟提供了一个绝佳的机会，可以更容易地看到鸟类。你可以参加观鸟组织，或在家人的陪同下，带上观鸟装备，再拿一本野外观鸟指南和一本笔记本，以便随时记下每一种鸟的名字。

## 读一本书

还可以在家里静静地读一本自然类的书，尤其是关于冬天的图书，会让你更有感触。

# 自然野趣 DIY

- 玩具的蛋杯
- 冷杉球果鸟

## 玩具的蛋杯

一天，约翰感冒，卧病在床。梅里叔叔过来探望，他坐在约翰的床边，手插在自己兜里。只听得他兜里有什么东西在咔嗒作响。

约翰望着他问道："叔叔，您兜里是什么东西在响呀？"

"哦，是些栎子。"梅里叔叔说着，随手从口袋里拿了几颗出来，"我在一棵栎树下找到的，特别喜欢它们，它们在那精雕细刻的杯状物中显得格外漂亮。"

约翰从梅里叔叔手中接了过来。"我也喜欢它们，"他说，"我希望我们能用这个来做点儿什么。叔叔，我们能做点儿什么吗？我想尝试点儿新鲜的事情，待在床上太无聊啦。"

"好吧，不如我们为所有坐在你床头的这些玩具制作鸡蛋和蛋杯，怎么样？"梅里叔叔说，"瞧，这儿有个猴子玩具，那儿有位水手，还有小飞象呢。让我们来为小伙伴们制作鸡蛋和蛋杯吧！"

"噢，好啊！"约翰说，"但是我们该怎么做呢？叔叔，您说的蛋杯是真的能完全立起来那种吗？”

“当然喽，”梅里叔叔说，“稍等我一会儿，我回去拿一两件待会儿用得着的工具，用不了一分钟就回来。”

他走出房间，不一会儿就带着几样东西返回了，约翰兴致勃勃地看着那些工具。梅里叔叔将一张报纸摊在床上，把带着杯状壳的栎子放在上头，还有一把削笔刀、一管强力胶、一张褐色的砂纸和一把锥子。“我们用锥子来钻孔，”他说，“这可是件有用的工具。”

“这看起来真让人兴奋！”约翰说，身子后仰靠着枕头注视着。

“我将制作第一个蛋杯，是送给你的。”梅里叔叔说，“接下来，你就得自己独立制作三个，分别给你的玩具朋友们。”

约翰屏气凝神地观察着。首先，叔叔将一枚栎子从杯状壳里取出，接着找寻一枚同样大小的带壳栎子，将其从叶柄上整齐地剪下来，尽量靠近杯状壳的位置。

然后，他拿出那张砂纸，对着两个杯状壳的底部摩擦，把它们打磨得平整而光滑。“这样能使它们更容易粘在一起。”他对约翰解释道。

接下来，叔叔拿出一管胶水，挤出一些来分别涂在两个杯状壳上，把它们的底部紧紧地粘在一起。

他把粘在一起的壳放一旁晾干，从火柴盒里拿出一根火柴，按杯状壳的长度剪裁，火柴棍两端都被削尖。拿起杯状壳，发现它们这会儿已经干了。他取出锥子，在粘在一起的杯状壳中央部位，轻柔地钻了一个孔。他让约翰将火柴小心地插进孔内，使得火柴一端触及报纸，这样杯子就立起来了。

“这可真是个精巧的小蛋杯，”约翰说，“叔叔，接下来该轮到鸡蛋了吧！”

鸡蛋，当然就是栎子本身了。梅里叔叔在栎子较大的一端也钻了个小孔，深入到栎子一半的长度。他让约翰挤了点儿胶水在杯状壳内侧，接下来他演示给约翰看，如何十分轻柔地将栎子扣在削尖的火柴棍上。“这必须得小心翼翼、轻轻地放上去，”他说，“要不然啊，你会把蛋杯给压破成两半的。”

鸡蛋和蛋杯就这么制成啦！梅里叔叔将它们递给约翰。“先生，这是给您下午茶准备的一枚鸡蛋，”他说，“还配有成套的蛋杯哦。”

“噢，真是精美！”约翰愉快地说，“谢谢您，叔叔。这下我就能享受为玩具们制作鸡蛋和蛋杯的欢乐时光啦，一定会很有趣的！如果我能做这类事情，就算是卧床在家也毫不介意。叔叔，您能把工具留给我吗？”

“没问题，”梅里叔叔说着，站起身来，“约翰，如果你能把这些蛋杯做得漂漂亮亮的，我会再教你用冷杉球果之类的东西来制作其他玩具，我们会享受更多乐趣的！”

约翰做好了三套鸡蛋与蛋杯，当珍妮特和帕特下午放学回家时，看到这些惊讶极了！

“让我们也做一些吧！”他们说。

## 冷杉球果鸟

一天早上，约翰跑过来，给梅里叔叔看他在小路上找到的东西。“叔叔，看看这些可爱的冷杉球果呀，”他说，“再看这里，这些是西克莫槭树带翅的种子，对不对啊？还有这几枚漂亮的褐色和黄色的小羽毛，它们是住在路边小木屋里的母鸡的羽毛。”

“约翰，你能用这些带回来的东西做成一个有趣的冷杉球果小鸟。”梅里叔叔说着，放下手里的书，欣喜地看着小男孩。

“一只冷杉球果做的鸟，”约翰兴奋地说，“那是什么？叔叔，快点儿教我，我记得您曾说过哪天会教我如何用这些松果做些东西。现在就教我吧，拜托您了！”

“好吧，如果我教你的话，你得答应我，待到秋天来时，出去采集一些其他物品，自己用松果、种子和细枝制作出小东西来。”梅里叔叔说。

“好的，我答应您。”约翰愉快地说，“叔叔，我能去拿您的削笔刀、锥子和胶水吗？”

“它们就在那儿的书架上。”梅里叔叔说。约翰把这些工具拿过来。“接下来，”梅里叔叔说，“你就依样画葫芦般跟着我做，我们分别做出一只栖于枝头的冷杉球果鸟，怎么样？一只送给珍妮特，另一只给帕特。”

“好嘞，”约翰说，“叔叔，冷杉球果是用来制作鸟儿的躯干吗？”

“完全正确，”他叔叔答道，“约翰，挑一个美丽的球果。没错，那个不错，尽量贴近球果将它从叶柄上割下来。做得好，现在我也来切割一个。”

“下一步呢？”约翰迫不及待地问。

“现在，把球果的另一头钻一个小孔。”梅里叔叔说着，拿起锥子来。他在球果的顶端钻了一个浅浅的小孔，随后将锥子递给约翰，约翰也挖了个小孔。“这个孔是我们用来塞鸟尾巴的吗？”他问道。

“是的。”梅里叔叔说，“接下来我们将制作鸟嘴和鸟头。”

“用什么来做呢？”约翰继续发问。

“就用你带回来的西克莫槭树的种子和翅果啊！”梅里叔叔说。他拿起西克莫槭树的一颗翅果和附着的种子。“种子就是鸟的头部，”他说，“而种子的‘翅膀’部分我们将剪裁成鸟嘴的形状，约翰，瞧好了。”

约翰仔细观察梅里叔叔在西克莫槭树种子的“翅膀”部位剪裁着，不一会儿就剪成了尖锐的鸟嘴模样。“真是太聪明了。”约翰心里念叨着。

小男孩也照做了，同样在西克莫槭树的翅果上剪出了精美的鸟嘴形状。接下来，梅里叔叔把眼睛装到鸟头上。他取出一把钳子，将一枚大头针剪短至几乎只剩下针头和一丁点儿针的部分。他再挤出一点儿胶水，将这个被缩短得几乎只剩针头的大头针小心地粘在鸟头（种子）处，与鸟嘴还有一定距离。“这是一只眼睛。”他说，接着又装上另一只眼睛。叔叔帮助约翰按同样工序在他的鸟头上也做了一遍。

“现在取出一枚正常的大头针，像这样穿过鸟儿的头部，”梅里叔叔说着，示范着如何将大头针穿过鸟头的顶部，这样就能把鸟头粘在鸟颈部，“当心鸟的眼睛部位。”

梅里叔叔接下来将鸟的头部与底座部分的冷杉球果固定起来。

梅里叔叔拿着大头针一端，将少量胶水涂抹在鸟头的下方，这样能帮着固定结实。

接下来，他们为鸟儿们选择羽毛，将羽毛的羽轴部位固定在之前就开好的那个小孔那里。梅里叔叔挑选了一根大羽毛，用他的剪刀将其修剪成漂亮的尾巴形状。约翰则选了一根小一些也柔软些的羽毛，根本就用不着修剪。两根尾巴看起来都很美！

然后，梅里叔叔出门找了点儿细枝回来，用来制作鸟儿栖息的枝头。他示范给约翰看，如何将大头针穿过枝杈，再将鸟儿的躯干部位（球果）装在上头，在树枝和躯干接触处抹上一点儿胶水。

之后，梅里叔叔取出一个软木塞，将其切为平坦的两块。"我们也要在软木塞上钻个孔，"他说，"在细枝的末端抹上些胶水，将其塞进软木塞里，这样我们的模型就能完美地立起来啦。"

不一会儿，冷杉球果鸟儿就完工了，在软木塞地基上立得稳稳的，站在细枝上，活灵活现，栩栩如生。约翰激动不已。

"哇，叔叔，它们真是太可爱啦！叔叔啊，我们还能用这些材料做什么呢？"

"施展你的才华看看能做出点儿什么来呗！"梅里叔叔大笑道，"不久就是我的生日了，你能做个什么东西出来送给我吗？"

你想知道约翰做了个什么送给梅里叔叔吗？他用一个冷杉球果、一个褐色的栎瘿（头部）、一些细枝和一个栎子的杯状壳做了一个女孩人偶！

现在，你自己也去树林里收集一些东西来吧，看看你能用它们做出什么来！

# 自然童话故事

小老鼠的脚受伤了，没法去找吃的了，真的好可怜。它向灰松鼠寻求帮助，却遭到了灰松鼠的拒绝。无奈，它又请求另一只老鼠帮帮它……

灰松鼠一觉醒来，就跑去找自己藏好的坚果，可无论它怎么找，都找不到一丁点儿吃的。那么，灰松鼠储藏的坚果去哪里了呢？

# 老鼠和松鼠

在一条沟渠的一个小洞里，住着一只小老鼠。它整夜奔波，跑遍各个地方，就为找口吃的。一天晚上，它跑进一间小木屋，闻到了培根或是奶酪的味道。

啊哈！这是啥东西？是培根的外皮，闻起来鲜美可口！老鼠朝着食物奔跑过去并开始一小口一小口地咬。

哎呀！不幸的是，这是个捕鼠夹。一声响亮的叩击声传来，表示着这个夹子已经生效了，试图抓住这只小老鼠。老鼠机灵地往后方跳跃开去，然而它的前脚已经被卡住了，这下可伤得不轻。

小老鼠尖叫着，忍痛把脚拽了出来，紧接着一瘸一拐地艰难逃窜，从它刚刚钻进小木屋的那个洞里又钻了出去，跑回了树林里。

那受伤的脚使它疼痛难忍，感觉非常不舒服。它再也不能像往常那样出去搜寻谷粒或种子为食了。饥肠辘辘的老鼠，思量着是否能求谁帮帮它。

通过洞口，它看见了一只肥头大耳的灰松鼠。只见它靠着后肢蹲坐着，那毛茸茸的尾巴在风中摇曳多姿，正啃食着一颗栎子。

“你好啊，松鼠，”老鼠低声下气地打招呼，“你能分我一颗栎子吗？或者能麻烦你从野蔷薇灌木丛那儿给我弄点儿鲜红色的野蔷薇果子来吗？我的脚受伤了，所以没办法外出去搜寻食物充饥，我已经饿得头昏眼花啦。”

“什么意思？”松鼠火冒三丈，叫嚷着，“你个鼠辈好大的胆子，竟敢向一只灰松鼠寻求这种帮助！老子才不会给你去弄吃的呢！你以为我是老鼠的用人吗？亏你想得出来提这种请求！”

“我并不想失礼，”老鼠说，“仅仅是因为我的脚受伤了而已，自个儿没法获取食物。”

“那劳驾你去找其他动物来帮你寻找食物吧。”自私的松鼠说罢便蹦跳着离开了。

小老鼠坐在自己洞穴的入口处，注视着松鼠。此刻正值秋季，那个灰色的小东西正到处存放大量的小坚果。等到了冬天，在一些温暖的日子里，它可以时不时地去这些隐蔽的存储点，饱餐一顿，然后继续睡觉去。

只见它在常春藤丛中藏了一些栎子，在沟渠里一堆树叶下面放了些坚果，在栎树的根部挖出了一个小洞也塞了四颗坚果，它还到附近一颗空心的树里藏了七颗栎子。这只松鼠为冬天的到来做好了万全的准备。

小老鼠多么希望自己能走出去取回一些坚果，然而它拖着伤腿根本动弹不得。它就只能瘫在自己的洞里，几乎快饿死了。不久，另一只老鼠经过洞口，瞧见了这只瘦弱、饥饿的同胞。

“你出什么事啦？”它问道，跑向洞穴里。

小老鼠马上一五一十地告诉它，它也认真地倾听着。

“好吧，”它听完之后说道，“我是非常愿意向你伸出援手的，但是我自个儿还有一大家子在忍饥挨饿呢，我眼下能做的就是为家人找寻食物，今年的食物非常稀缺。”

“我知道在哪儿能找到一大堆吃的，”小老鼠迫不及待地说，“如果你能帮我拿一点儿过来，那么我们就能共同分享啦！你去常春藤丛中和空心树里去寻找栎子，到沟渠里树叶底下和对面栎树树根底下去寻找坚果吧。我看见松鼠在这些地方藏食物啦。”

另一只老鼠欢快地跑着去了。不出所料，它找到了许多坚果和栎子。它把这些食物一个接一个地搬回到自己的洞穴里，同时也跑去帮助那只受伤的小老鼠，把它接到自己的洞里来。和这一大家子同胞生活在一起，受伤的小老鼠也能平安地进食啦。不久，它的腿脚基本上痊愈了，它又能愉快地蹦跳个不停啦。

灰松鼠睡得沉沉的，直到一月份出现暖阳，它才醒来。它一醒来，就跑去寻找自己藏好的坚果。可真是为它感到遗憾，无论它多么卖力地寻找，依然一无所获。它找不到一丁点儿吃的！它的食品储藏室空空如也，每个地方都空无一物！它只能饥肠辘辘地回到自己的树下，再度沉沉睡去。

转眼到了二月，太阳出来了，温暖的阳光轻抚过大树的枝杈，那儿正是松鼠睡觉的地方。它再一次醒来了，蹦蹦跳跳地从树上蹿下来，饿得像个猎手似的眼冒绿光。

它在常春藤丛中搜了搜，那儿没有栎子；它在沟渠里找了找，那儿没有坚果；它又到空心树那里寻了寻，看不到一颗栎子；最后，它把自己的小爪子伸到栎树根下挖的那个洞，还是没有，一颗坚果都找不着。它只能这样挨饿下去了。

“我将会饿死吧！”它惊恐万分地说。突然，它的眼中出现了那只小老鼠的身影，小老鼠丰腴光亮、体态优美。松鼠朝它呼唤道：“噢，老鼠，你真圆润啊！我求求你赏我一点儿食物！我快饿得撑不下去了，而且我完全找不到一丁点儿之前藏好的食物。我一定是找错地方啦。”

“去年秋天，我也曾问你讨要过吃的！”老鼠停下脚步，说，“但是你拒绝了我！我现在为什么要帮你呢？”

“你说得对。”松鼠伤心地说，“我曾无礼地对待你，你完全有理由以同样粗暴的方式对付我。”

“等会儿！”老鼠说，“的确有个理由，让我不应该以同样的方式对待你。你跟我是不一样的，你那么自私、贪婪，而我不是。你可以分享我所拥有的食物！”

它拿了两颗坚果和一颗栎子给松鼠，松鼠恭敬地向它表示感谢，并发誓说一旦找回那些曾被自己藏匿起来的食物，一定会报答老鼠的恩情。

“这个冬天，我很幸运。”小老鼠眼里闪着微光，说道，“我一共找到四堆坚果和栎子，一堆在常春藤丛中，一堆在沟渠里，一堆在空心树中，而另一堆在栎树的树根下。所以我跟小伙伴们一起享用了美美的大餐！”

松鼠仔细听着，一开始有些恼怒，但是后来它想到了，毕竟老鼠还是让它吃了点儿食物。

“所以说，这些就是我的坚果和栎子！”它说，“好吧，我活该因为自己的贪心而失去它们！原谅我吧，老鼠！今年秋天，我也会为你存上一仓库的食物！”

它信守诺言，这下它和老鼠成了好朋友，你只要见到它俩中的任何一个，另一个也一定就在不远处。

# 自然笔记

请你走出家门，每个月做一两次自然散步，去观察身边的自然万物，把你的见闻和当时的感受记录下来。你可以用文字、照片、画画或一首诗等任何你喜欢的形式，来做自然笔记。你也可以准备一个笔记本，按下面这种形式来记录你的观察和发现。

| 日期 | | 时间 | |
|---|---|---|---|
| 地点 | | 天气 | |
| 我的自然观察笔记： | | | |

# 译后记

## 爱与成长的故事

2019年末至2020年初，我着手翻译这本首印于70多年前的老书。突如其来的疫情，让我有工夫一边品味作者的文字，一边琢磨译文的遣词造句，还能享受身处闹市的远郊的自然野趣。此书无疑是一部关于“人与自然”的佳作，可在我眼里，这更是一部关于“爱与成长”的杰作。

## 书中：鸟语花香虫儿飞

先用一句话介绍这本书：邻家的梅里叔叔带着三位小朋友帕特、珍妮特和约翰，以每月两次的频率漫步大自然，让孩子们获取了开启自然之门的钥匙；再用一句话介绍作者：伊妮德·布莱顿，“英国人最爱的作家”、英国“国宝级”的童书大王，本书在很大程度上还原了作者儿时与父亲的野外探险经历。

**作者笔下的植物：一花一叶总关情。**尽管作者为秋日五彩斑斓的落叶美景做出了不怎么浪漫的科学解释——只不过是树木将废料排出体外的过程，打破了我对落叶的幻想，但字里行间无不透露着她对植物的爱。因为紧接着她又说了，树叶从未被浪费，死去的树叶赋予新的植物生命，这就是一种生命的循环。她用平实的笔触将植物的生命勾勒得无比鲜活，春天的花、夏天的叶、秋天的种子甚至还有冬天的常绿树，就像一出连续剧，使孩子们将植物视为活生生的朋友。

**作者笔下的鸟类：来去有时盼君归。**鸟儿本来就是孩子们钟爱的物种，无论是那叽叽喳喳的啁啾鸣啭，还是那花枝招展的霓裳羽衣，都令人心驰神往。而本书还将鸟儿的成长史和候鸟迁徙两件事与孩子们的情感联系起来，让我们记住了从不筑巢的懒鸟布谷鸟、群居嬉闹的秃鼻乌鸦，也体会到候鸟归来或飞去带给我们的欣喜或失落。

**作者笔下的昆虫：三生一世梦蝶飞。**无论是拥有“奇妙四生”的蝴蝶还是经历了“丑宝宝变形记”的蜻蜓，都深深地吸引着孩子们的目光。昆虫这种生命形态多变的小动物，它们的成长经历似乎是孩子们最易理解和接受的“生命与成长”故事。

## 书外：以爱相伴共成长

本书不仅很好地诠释了“纸上得来终觉浅，绝知此事要躬行”的道理，在我看来这一次次的户外漫步也让读者们见证了三位小朋友的个人成长。

大孩子帕特，十一岁的老大，有那么一点儿自以为是，也有那么一点儿“倚老卖老”。在梅里叔叔带着他们领略了大自然的神奇魅力之后，他充分体会到了自己的无知，观察力也敏锐了许多。唯一的女孩子珍妮特，通过漫步大自然，逐渐克服了自己各种各样的“恐惧症”，对各种小昆虫、蝙蝠、蜥蜴等不再害怕，而她与生俱来的想象力和文艺范儿则显露无遗，大自然诱发了她的诗性，让她成为自然的歌咏者。而年幼的小男孩约翰，无疑是本书的主角，他因为明察秋毫的观察力和海阔天空的想象力深得梅里叔叔的宠爱。他通过在竞争中一次次地战胜哥哥姐姐，获得了极大的自信心。

在我看来，这才是教育“润物细无声”的真正体现。自然界各种生物的成长故事让孩子们体会生命、感受生命，梅里叔叔爱意满满的陪伴与充满智慧的解读让孩子们顺着各自不同的特点与轨迹健康成长。正如书中所说的那样，一开始，是梅里叔叔的眼睛帮助孩子们在观察、体验自然，逐渐孩子们自己都拥有了观察自然的“眼睛”，也是书中所谓“开启自然之门的钥匙”，而通过自己的眼睛观察自然所带来的喜悦与享受，是借别人之眼无法获得的。

最后占用一小段篇幅，说一些关于犬子蔚嵩的事。他不满八岁，眼下正喜欢唐诗、BBC 的自然纪录片，还有和我一起在城市里的探险。

**唐诗**，他喜欢李商隐，而其最著名的诗句里，如“身无彩凤双飞翼，心有灵犀一点通”“庄生晓梦迷蝴蝶，望帝春心托杜鹃”都有深深的自然印痕，此外《忆梅》《赠柳》，还有《蝉》则更是从诗名上就可见一斑。正应了本书中提到的观点：诗人和艺术家的灵感很大程度上源于自然。

**BBC 纪录片**，他已经认识了大名鼎鼎的爱登堡爵士（戴维·阿腾伯格，也被译为大卫·爱登堡），老爷子的镜头让他领略了大自然的各种壮美惊奇。老爷子的一句话与书中末尾梅里叔叔给约翰的一句忠告异曲同工：爱登堡在与自己的粉丝奥巴马见面时，说自己从未失去对大自然的兴趣；而梅里叔叔对约翰说的则是一旦拥有这把开启自然之门的钥匙，请千万不要失去它。

**城市探险**，则是我们父子俩坚持数载、每月至少一次的市内公交车无限换乘体验。这与自然无关，但与陪伴有关。只要有爱的陪伴，孩子就别无他求；只要有机会观察、阅读，看到的是大自然还是钢筋水泥森林，问题并没有那么大。而实际上，据我粗略观察，即便是在数千万人口的大都市，也照样能听见鸟语、闻到花香、看到野蜂飞舞和候鸟归来。

**爱的教育**，最好是从大自然开始，因为自然先于人类存在，自然中几乎蕴含了人类社会的一切道理；人之成长，也最好在大自然中启蒙，因为人的动物本性或天性在自然中才能得到最充分的显露和回应。爱与成长，是一个永远无法阐明的课题，但本书给出了一个既科学又温暖的答案：走进大自然，拥抱大自然。

杨文展

2020 年 3 月 23 日写于上海